金玉郎言

郎酒的消费者追求

99

《金玉郎言99——郎酒的消费者追求》

编委会 主编

四川文艺出版社

图书在版编目（CIP）数据

金玉郎言 99——郎酒的消费者追求 /《金玉郎言 99——郎酒的消费者追求》编委会主编 . —— 成都：四川文艺出版社，2022.3（2022.8.重印）

ISBN 978-7-5411-6285-5

Ⅰ . ①金… Ⅱ . ①金… Ⅲ . ①酱香型白酒—酒文化—中国—文集 Ⅳ . ① TS971.22-53

中国版本图书馆 CIP 数据核字（2022）第 032678 号

JINYU LANGYAN 99——LANGJIU DE XIAOFEIZHE ZHUIQIU

金玉郎言 99——郎酒的消费者追求

《金玉郎言 99——郎酒的消费者追求》编委会　主编

出 品 人　张庆宁
责任编辑　朱　兰　蔡　曦
封面设计　赵　洁
内文设计　史小燕
责任校对　段　敏

出版发行　四川文艺出版社（成都市槐树街 2 号）
网　　址　www.scwys.com
电　　话　028-86259287（发行部）　　028-86259303（编辑部）
传　　真　028-86259306

邮购地址　成都市槐树街 2 号四川文艺出版社邮购部 610031
排　　版　四川读者报社有限公司
印　　刷　成都博瑞印务有限公司
成品尺寸　145mm×210mm　　　　开　　本　32 开
印　　张　10.5　　　　　　　　　字　　数　210 千字
版　　次　2022 年 3 月第 1 版　　　印　　次　2022 年 8 月第二次印刷
书　　号　978-7-5411-6285-5
定　　价　68.00 元

编委会

郎酒品质·品牌·品味系列丛书　编委会主任

汪俊林

郎酒品质·品牌·品味系列丛书　编委会副主任

付　饶　汪博炜

出版策划： 张　继

编撰统筹： 马琳珺　张　娜

内容编撰： 何浩源　王珩怡　胡基权　孙　懿　张　婵

王　寒　古　霞　方乐迪　林诗涵

视觉设计： 倪　萌

摄　　影： 胡　桐　蔡　有　刘应华　刘学懿　李佑天羽

程世军　郑　伟　李晓林　李　欣　关云飞

梁九如　陈　儋　徐　凯　王光全　蔡　磊

王　成　龙　灵　李学朴　钟天晖　宁　风

荣忠远　康丽莎　张云飞　唐　茜　张　涛

包　升　童　杨　BPI　陈岗团队

（排名不分先后）

序　言

共创美好，共赴美好，郎酒追求品质主义、追求长期主义、追求消费者主义，满足消费者的美好生活需求是郎酒一切工作的根本目标。为更加贴近消费者，倾听消费者心声，2021 年 4 月，郎酒启动云上三品节，面向全社会征集 10000 条"金玉郎言"，活动取得了超乎意料的火爆效果，超 4 亿人次踊跃参与，热情讲述与郎酒不得不说的故事。

"金玉郎言"来源广泛，不仅有广大的消费者朋友，而且还不乏文坛大家、商业大咖、财经巨头、著名主持人、权威媒体人……

"金玉郎言"内容丰富，有对酒当歌的美好记忆，有春夏秋冬的人间烟火，有遥远故乡的悲欢离合，还有万家团圆的父慈子孝、兄友弟恭……

当然，更多的是对郎酒发展的肺腑之言。众多的建议和意见，完成了大家共创共享郎酒的美好体验，热爱汇聚价值，热爱创造价值，郎酒粉丝们对郎酒发展提出了上万条金玉良言，真知灼见字字千钧，我们如获至宝，爱称其为"金玉郎言"。深埋在郎酒里的诗意和美好，借由"金玉郎言"开花结果，聚拢是热爱，摊开是美好。

我们满怀感激地汇集这份热爱，我们迫不及待向读者和郎酒粉丝朋友摊开这份美好，于是我们特别精选 99 条"金玉郎言"，对应编撰 99 个郎酒关键词，以作《郎酒品质·品牌·品味系列丛书》之一，供全社会来触摸、品味、感受"我们大家的郎酒"。

让"金玉郎言"成为一面镜子，照见过往，照亮未来——我们永远会向消费者靠近，郎酒永远和消费者站在一起。

因为，郎酒为消费者而生，为美好生活而来。

目　录

第二章　相　信

第三章 热 爱

看见 _{第一章}

大美郎酒　　世界看见

从一粒米红粱开始

每一次的焕变升级

每一步的品质跃升

都在酒里　　在时间的轨辙里

在风里　　在洞藏陈酿的静悟里

在花里　　在宝相花的吉语里

在字里　　在消费者的窥见、感受

与找寻里

1

诗意和美好

中国作家协会副主席、四川省作家协会主席　阿来

　　中国的诗歌文化与酒文化都有着丰富的内涵，它们共同创造出中国诗酒交融的文化史。把美好生活与艺术融进酒里，让每一滴不同的酒都充满郎酒庄园的味道和中国郎的气度，是文人气节，亦是郎酒的坚持。在现代文明高度发展之下，在所有制造都被机械替代的今天，中国还剩下两个手工业性质最显著的行业：一个是写作，像早期的手工业者一样，现在的文学创作仍是一个字、一个词、一段话地书写出来的；另一个就是中国白酒，从制曲、发酵到储藏，它还保留着手工业时代的审美、态度和辛劳。

　　根植于传统的深刻美感，也只有在这两个行业中得以保持。自古文人都爱酒，我也爱喝酒，我也与郎酒的工匠们保持着十几年的友谊，我认为写作与酿酒在灵魂深处已经有着高度的契合和融合。

（根据阿来在《郎酒品质主义》《郎酒庄园诗钞》
发布会暨青春诗会四十载纪念朗诵会上的发言整理）

中国郎注疏

把诗意和美好酿进酒里

在写小说之前，阿来是位诗人，他有一段非常理想主义的过去，热爱杜甫、苏东坡，热爱聂鲁达，还有自由歌唱的惠特曼。1989 年时，刚 30 岁的阿来出版了他的第一本书《惠特曼》。那时的他还是四川马尔康中学的一位教师，除了上课，阿来其余的时间全都用来阅读和写诗。

从《光荣与梦想》到海明威、福克纳，从《诗经》到杜甫、苏轼、鲁迅……他读完了学校阅览室里的四五千册图书，文学阅读丰富了人生，加之对生活深入的、扎实的、细致的了解和洞察，让他的文字充满温度与力量，令《尘埃落定》大气磅礴、纵横捭阖。2000 年，阿来凭借这部作品获得第五届茅盾文学奖。八年后，又凭借《蘑菇圈》获第七届鲁迅文学奖中篇小说奖。

"老酒洞中睡觉，酒糟风中飘香。"作为郎酒的老朋友，阿来曾多次来到赤水河畔郎酒庄园，并在仁和洞对酒当歌，在青云阁把酒临风，他用诗词带着读者登顶天宝峰十里香广场，探访千忆回香谷，漫步金樽堡，一览天宝洞和地宝洞里珍藏已久的老酒。在天宝洞、地宝洞这些幽深空间中，他看到一坛一坛酒沉睡的时候，微生物还在里头辛勤地工作；当把 50 年前的一坛酒从幽深不见天日的地方取出来，跟他眼光相逢，跟风、跟阳光相会，跟种种复杂情感相会的时候，阿来总会想起一个词：和光同尘。

阿来一直认为，阅读写作和酿酒一样，都是需要交给时间去积累和沉淀。生命要交给时间，写作要交给时间，酒也要交给时间，生命的体验和酒的酿造，共同在时间中互相交融，成就美味。

山魂水魄玉质于外，生长养藏品质其内，把诗意和美好酿进酒里，是郎酒始终坚持的方向；让每一滴郎酒带给人们美好生活和快乐，是郎酒庄园特有的品味和芬芳。

晨光熹微

2

聚焦"大家"

北京大学国家发展研究院教授　周其仁

一个成熟的品牌，必然是依靠过去，展望将来。

郎酒的故事，既要讲好"生长养藏"的故事，也要针对当下目标客户群的消费需求讲故事，同时和年轻一代消费群的喜好做针对的承接。

这次来郎酒庄园参观，很有感触，也很受启发。作为中国白酒中的头部企业，郎酒的发展很快，也很精彩。它的很多案例，都开启了中国白酒产业的先河，是行业中对市场营销运用得最好的企业，当然，在品质管理上更是一流。

对于品质，我想说的是，白酒是酿造技艺，是传统经验的结晶，但是市场需要更科学的解释。过去，白酒的酿造因为科技的原因没办法说明白。这种情况下，各品牌之间的宣传都是说历史，说故事，说传统，工艺的传承，也是师徒制度。

但是今天不一样了，时代的科技足以对白酒做更理性的分析，所谓的品质标准、生产标准等等都可以量化、条理化。我们的白酒企业，应该跟上这种趋势，把经验主义转化成为科学主义，把师徒传承转化为学习传承，把传统的酿造方法，融入现代化的生产管理制度中。

过去几千年的工坊式作业，产品的质量控制在"师傅"的手中，稳定性和长期性也因"人"而异。现代工业生产的变化，是需要把"人为"的因素融入到生产管理的科学机制中，以系统的合理化，取代个人的"经验主义"。未来，郎酒一定要突破经验主义的桎梏，把生产上升到一个新的高度，以"传统"成就品味，以"科技"保证品味。

在创好品质的基础上，郎酒在定位和营销上也要与时俱进，跟上时代的步伐。品牌的发展，大多是呈阶段式上升的，三、五年后，时移世易，企业战略也必须顺势而调整。在酱酒热的背景下，市场上的竞争品牌越来越多，消费者接受的信息也越来越多，认知也在提升，从"买酱酒"逐渐到了"明白地买酱酒"的阶段，与之对应的，是郎酒庄园的建设也已经初具规模，郎酒的平台比之前更完善。外部环境，内部条件，两者的变化都推动郎酒对品牌、定位、营销等方面做相应的调整。如何做好定位？

一、找准核心消费人群

所有的战略战术，围绕核心客户群做目标，找准核心人群，不要把受众面考虑得太广，左右兼顾只会分散力量，集中拳头产品才能冲破市场。

二、发现核心消费人群的需求

不同消费层级的消费者考虑问题是不一样的，年轻人的品质生活，是奶茶加鸡翅；中年人的品质生活，是家里的三菜一汤；中产阶级的品质生活，是在纽约的第五大道买新款包。找到目标人群对白酒消费的需求，是追求时间的味道，是追求身份的象征，还是一种生活品质的表现，这是郎酒未来需要认真思考的事。

三、做好消费人群的梯队建设

中国的人口正发生着深刻的变化，人口的年龄结构，人口的流动趋势，这些宏观的因素最终都会对白酒企业产生影响。从长远计，郎酒要在现有消费者的基础上，做好年轻一代消费者的引导和传承。新时代的产业，造汽车比不过造苹果，做工业的比不过做游戏的，时代在变，年轻消费者的审美和兴趣也在变，生活方式、获取信息方式都与之前大有不同，我们要有针对性地做了解。

白酒，是中国五千年文明中的优秀传承，是祖宗传下来的好东西。好东西不是一成不变的，如同文字，从最初的甲骨文，到后来的金文，再到后来的篆书、隶书，顺应时代的变化是一个事物具有长久生命力的关键所在。白酒亦是如此，我们的消费也要前瞻，也要顺应新时代的特点，满足年轻一代消费者的需求。希望郎酒未来能多酿品质好酒，用更好的产品，福泽更多的消费者。

（根据周其仁在 2020 年 6 月 10 日于郎酒庄园参观交流的讲话整理）

中国郎注疏

大家的郎酒

商业巨头史玉柱曾经说："我非常关注我的消费者，我把他们的一点小事都当成很大的事情来做。"在服务消费者上，郎酒与其有着异曲同工之妙。

不论是学者专家、文艺大咖、商界精英为伍的"大家"，或是大众群体为代表的"大家"，郎酒始终铭记，郎酒是中国的，是世界的，更是大家的。

郎酒矢志把万千感谢、万千感恩和赤水河的美好、庄园的味道、郎酒人的匠心、中国郎的气度……一并酿进酒里，让每一滴甘美的郎酒带给大家更好的生活。

如何诠释为"大家"而来，为美好生活而来？郎酒坚信，只有让消费者身临其境，才能向社会各界分享一瓶好酒的匠心与美好。

为了实现这个目标，郎酒坚持扩产 20 年，实现 4 万吨酱酒年产能和 15 万吨强大储能；为了实现这个目标，郎酒耗时 14 年投资超 200 亿建起一座集生产与体验于一体的世界级庄园，把朋友请进家门，身临其境地体验白酒的工艺与文化。

2020 年 5 月，郎酒庄园开门迎客。其以青花郎生在赤水河、长在天宝峰、养在陶坛库、藏在天宝洞——"生长养藏"的酿造脉络为主线，同时还配备了度假酒店、山谷光影秀、私人定制溶洞、品酒中心、观光景点等高端设施，在打造极致品质的同时，让来访者最大限度地感受中国白酒文化。

"开轩面场圃，把酒话桑麻。"庄园已初步建成，围绕"三品战略"，策划并举办"青花郎包机庄园游"、知名商学院等社会各界参观交流活动，让消费者通过亲身游览郎酒庄园提升消费体验，在传递品牌价值的同时，回馈大家的厚爱。

郎酒集团董事长汪俊林曾分享："郎酒用极致服务，带给大家尊崇体验，领略赤水河左岸庄园酱酒的极致品味。我们建郎酒庄园的目的，就是要为消费者服务；郎酒艰辛而坚守的扩产之路，就是为了带给大家更好的生活。"

一个核心理念，依托两大产区，郎酒"三"生万物，未来，站在 5.5 万吨酱酒年产能的基石上，背靠 30 万吨强大储能，依托独具特色的赤水河左岸郎酒庄园，郎酒有信心、有理由，也有能力与各位"大家"共创美好，共享美好。

3

书香传酒香

中国书籍出版社社长　王平

　　醉得慢，醒得快，是好酒的标准之一，纵然兴之所至，酩酊大醉，休息一晚，也无酒醉之乏，反而有陈瘀尽去的神清气爽。于我而言，郎酒带来了这样的好酒体验。

　　郎酒的酿艺，是岁月沉淀的结晶，是先贤匠人的智慧总结，更是对自然造化的一种敬畏。郎酒人对传统酿艺的坚守，对产品品质的精益，酿造了中国最好的酱香白酒。

　　郎酒和茅台一样，都采用的是经典的"12987"酿酒工艺，这套工艺对酿酒的细节要求极高，要经历端午制曲，重阳下沙，一年一个酿造周期，2次投粮，9次蒸煮，8次发酵，7次取酒。任何一点的疏忽，都可能让产品品质参差不齐。

　　在酿酒车间，有关质量的格言警句随处可见，在郎酒庄园内部，质量监管体系的建设更是完善。在众多的标牌中有句话叫"敬畏自然"，酒是自然的产物，对自然的尊重，对规律的尊重，使得郎酒人时刻在心中反思人与自然的关系。正是这种敬畏和探索，使得郎酒的传统工艺保持得非常好，整体的优化流程，有传统有现代的，结合得非常好。

　　任何品牌的发展，首先是品质，让大家接受；其次是文化，让大家内心共鸣。郎酒在严格控制产品品质的同时，也在不断追求与文化的共鸣，郎酒追求的文化，应是一个"雅"的文化，这点从整个郎酒庄园的氛围里可以感受到。优雅的环境，隔绝了城市生活的喧嚣，融入了自然山水的空灵，游览者能在其中感受到与世俗生活完全不同的清净和优雅，这样的环境，内心自悦。

郎酒，是一家现代化的企业，这个现代化，并非是单指其设施设备的现代化，它是一家具有现代思维、现代营销理念、现代品牌文化传播思维的企业。郎酒可以挖掘的文化内涵有很多，可以做的东西有很多。

对应今天的时代，科技的发达创新了多种新的传播方式，但是人类文明几千年，文字的魅力是永远无法替代的。

当你需要真正深度了解一个事物，了解一个品牌的时候，详尽的文字介绍绝对是最终的选择，特别是对于品牌故事、品牌文化等方面的内容沉淀，文字，或者说是文本，都有着无可替代的价值。

传统媒体的方式或许无法引爆产品，但是更能深入人心，尤其独特的价值，生命力比时尚媒体更持久一些，对郎酒精神的提炼和发掘有着不可替代的作用。郎酒可以征集、创作更多的好文章，多出好书，可以汇编现代诗词，表达郎酒魅力，也可以囊括书法绘画散文等形式。以笔墨书香这种文化浸润的方式，扩大在高端消费者群体中的影响，润物无声地传递郎酒精神。

（根据王平在郎酒庄园"怎样把诗意和美好酿进酒里"座谈会上的讲话整理）

中国郎注疏

把快乐与艺术酿进酒里

人所以饮酒，不为充饥不为解渴，而是为了通往精神，精神是诗的境界。

诗与酒在任何文明中都密不可分，诗的灵性、超越性，与酒启发精神的灵性、超越性的能力完美匹配。在北欧神话中，诗写得好不好，与酒的品质甚至直接相关，这正是酒神奥丁最有名的故事之一。

文学和酒是中国文化史上最重要的关系之一，经由曹操、李白、苏轼等大文豪的吟诵而达到了绝对的、本质主义的高度。郎酒在以传统工艺酿出庄园酱香美酒青花郎，同时不忘诗文。

近年来，郎酒广邀天下作家诗人齐聚庄园。著名作家莫言、阿来、贾平凹、苏童、余华、张炜、刘醒龙；著名诗人舒婷、刘立云、李琦、雷平阳、傅天琳、大解、阎安、娜夜、李元胜等纷纷走进郎乡，留下了众多优美的篇章。

2019 年 9 月 17 日，当代艺术领军人物岳敏君，《冈仁波齐》导演张杨，著名作家、诗人余秀华、土家野夫、李亚伟、潘洗尘、尚仲敏、戴潍娜，在世界最大露天陶坛酒库直播赋诗论画。

2020 年 8 月 29 日至 30 日，成渝双城诗酒文化论坛暨郎酒庄园之夜诗会在郎酒庄园盛大启幕。阿来、梁平、傅天琳、张新泉等 80 余位诗人、评论家、朗诵艺术家齐聚郎酒庄园，品郎酒佳酿、诵经典诗作、赏华美乐章，共襄成渝史上最大规模诗会。

2021 年 6 月 14 日端午佳节，青春诗会四十载纪念朗诵会、

《郎酒品质主义》《郎酒庄园诗钞》发布会、"2021 郎酒端午制曲大典"三项极富雅韵的典礼嘉会在赤水左岸的郎酒庄园里递相盛启，50 位著名作家、诗人应邀在郎酒庄园感受传统节日、传统工艺、传统文化与现代性的交相辉映。

2021 年 9 月 15 日，又逢中秋，20 位鲁迅文学奖得主、著名作家、诗人采风郎酒合江华艺，共话中秋、陶艺与郎酒的美妙因缘。

2021 年，重阳前夕，青花郎牵手《人民文学》签订战略合作，20 余位茅奖、鲁奖得主在郎酒庄园登高望远，领略传统节日与白酒酿造的奇妙关联。

追求品质、品牌、品味，郎酒矢志把诗意与美好酿进酒里，把快乐与艺术酿进酒里，持续满足大家对美好生活的孜孜追求。不仅如此，推动文学的传承与发展是郎酒应尽的责任，郎酒有着融入文学艺术的坚定与决心。

把快乐与艺术酿进酒里，郎酒愿与文学大咖一起，从美酒中窥见美好生活的亮光。

作家采风团在郎酒庄园登高合影

4

艺术价值

茅盾文学奖、鲁迅文学奖得主，《人民文学》杂志社副主编　徐则臣

郎酒庄园参观之旅，耳听了很多同行的议论，眼见了很多郎酒的现状，虚实结合，让我对郎酒的品质匠心，有了更深刻的认知。

毫无疑问，郎酒的成功，首先在于位置的优越，即行业人士说的"产区"。淮南为橘淮北为枳，相近的产业也会有不同的品质。据介绍，赤水河虽然号称美酒河，但是最核心的产区，在于以茅台镇至二郎镇为核心的49公里。郎酒所处的位置，正是在这49公里区域内，处于赤水河核心产区，为郎酒的品质奠定纯正的产区优势。

其次在于郎酒的匠心理念，参观中我了解到郎酒酿酒的全过程，对粮食如何转换发酵，新酒如何储藏，都有了眼见为实的认知。

在天宝洞中，看到了成千上万的酒坛如兵马俑一样站立在面前，这种震撼是难以言说的。密布的酒菌，于外面的环境，只是缕缕尘埃，但在这时光遗忘的交流，确实是滋养美酒不可缺少的妙物。上好产区，匠心酿酒，这样的郎酒，一定是饮者的首选。

中国传统文化的特色，是"诗酒不分家"，五千年中华文明，留下无数酒与文化的佳话。古代中国人，对于君子的要求是要懂得"礼、乐、射、御、书、数"六种技能，对文人的要求，则是完善"琴、棋、书、画、诗、酒、花、茶"八种雅好。诗与酒在一起，诞

生了无数佳句，"白日放歌须纵酒，青春作伴好还乡"，酒是恣意青春的见证；"何以解忧，唯有杜康"，酒是消解烦忧的妙物；"得此喜信，胜听挞音，当浮一大白"，酒是高兴的表达；"古来圣贤皆寂寞，惟有饮者留其名"，酒是情绪的宣泄。

诗与酒，成就了文学的艺术，也造就了中国人特有的文化遣怀方式，更融合了中国人的精神特质，这是值得我们传承的民族精神文化。

白酒是中国的特色产物，诗是中华民族的文化符号，国人对于诗词文化有着天然的亲和力和黏性，诗词文化自然是郎酒进行品牌推广最好的文化载体之一。期待未来郎酒在诗词文化与产品的结合方面，有更多的大手笔。

今天已经是数字化时代，海量的信息造就了消费者选择的困难，但技术的进步同时又为大数据的筛选提供了条件。未来郎酒应该建立专门的"诗酒数据库"，利用技术进步为消费者提供方便的、有针对性的检索内容，使其对郎酒的诗歌文化有集中式的了解，传播郎酒品牌的文化底蕴，让大家从诗歌中品酒，从文化中尝酒，从而更加认同、更加理解郎酒。

酒是酿出来的，也是种出来的，任何酒企的发展，都与上游农业种植有着紧密关联。当行业都在聚焦成本控制，节约用粮的时候，郎酒主动发声，表明未来将提高高粱收购价，实现惠农助农。这体现了郎酒的担当，体现了郎酒的社会责任感，以酒兴农，可谓现代产业模式中发展农业的一个相当好的方式。商海熙熙间，郎酒提高收购价，是郎酒"君子爱财，取之有道"的情怀体现。

好品质，好文化，好担当，这样的郎酒，值得点赞。

（根据徐则臣在郎酒庄园"怎样把诗意和
美好酿进酒里"座谈会上的讲话整理）

在有价值的地方创造价值

乌蒙磅礴，赤水翻腾，峡谷旖旎，郎酒所处的二郎镇，有着千年经久不衰的酒文化，中国人物尽其用、化平凡为神奇的特质，在郎酒的酿造、封藏环节，得到了淋漓尽致的体现。这里面包含着粮食转换的艺术，更有着神秘而不可言的时间沉淀的艺术，可以说，郎酒就是酿造的艺术。

一直以来，郎酒便推崇文化传统，推崇酿造的艺术，注重在文化传承、技艺坚守、民族品牌塑造等方面做努力，积极搭建起共同发展的价值平台，营造出酿酒的生态美学和诗酒一体的品质文化氛围。

郎酒在品质发展的同时，一直都积极主动思考如何回报社会，如何在原产地用价值创造更大的价值，为乡村振兴助力。

以小小一粒米红粱为例。二郎镇清水村地理优势突出，非常适合种植高品质酱酒的原粮——糯高粱。随着郎酒的产能扩大和高品质发展，郎酒希望将这块有价值的地方打造成又一个"郎糯红19号"的种植基地，同时匹配村上镇上的其他产业，发展"红粮酿酒→酒糟养牛→牛粪培肥"的循环经济，进一步带动当地的经济发展，提升老百姓的收入，为乡村振兴贡献一份力量。

为更好保障郎酒糯高粱品质和农户利益，郎酒与政府形成以"企业＋专合社＋农户"三方联动多赢合作模式。郎酒发布糯高粱收购保底价，保护农户利益；种植专合社与村集体公司合作提供种植技术支持与集中销售；种植农户与种植专合社签订协议，对口统一销售糯高粱。

2021年，古蔺全县种植糯高粱已达6万余亩，年产量大约1.8万吨，预计2022年，古蔺糯高粱种植片区将达到10万亩。古蔺配套发展了肉牛养殖产业，实现郎酒产业助农模式：高粱酿酒→酒糟喂牛→牛粪肥田→田生高粱。

郎酒根植于这块有价值的土地，感恩这块有价值的土地。助农惠农、捐资助学……从大力援建希望小学，积极开展"郎助郎，上学堂"助学活动，到主动参与"栋梁工程"捐资，资助上万名贫困学生……在郎酒发展壮大过程中，郎酒始终不忘发挥企业价值，全力支持古蔺县的脱贫攻坚和乡村振兴。

川南优质糯红高粱

5

走出中国 Style

著名财经媒体人 秦朔

过去这一年，有人说中国的资本市场是"喝"出来的一年，金龙鱼、农夫山泉、伊利、茅台、海天味业、青岛啤酒，所有跟"饮"相关联的，都创了历史的新高。

这次来到郎酒庄园，来到中国白酒爱好者的向往之地，看到我们民族自己的酱酒品牌酿造生产的环境和过程，我心中油然而生一个话题——中国 style（中国方式）能不能成为世界骄傲。

当下，我国人民生活方式改变，人们对美好生活的向往不断提升，随之而来的是消费节节升级，这正在变成中国当下主流。这些年的"中国风""国潮""年轻人的文化自尊"等都是一个脉络。

在中国近代史上，我们经历过命运多舛。历经几个甲子，如今中国迎来一个新的光明时代，很多外企在中国生产开发产品，中国变成了全球创新的摇篮之一。比如欧莱雅的研发在中国的定位叫作"中国创新，世界灵感"。你会发现针对中国消费者开发的产品，全世界的消费者都很喜欢。这说明，今天中国消费者的偏好在世界意义上代表了一种前沿的生活方式。

过去，大家都对中国奶粉避之不及，现在买中国奶粉的消费者越来越多。还有瓷器之都景德镇，曾经运营状况不太良好，但过去一年，在景德镇真心做艺术的人生意火爆，订单接不完。

由此可见，跟中国文化相结合的方式未来将变成一股世界潮流。中国 Style、中国文化，以及衍生的生活方式、相关产品和服务，即将会再造辉煌。

在这样的整体趋势下，回到具体品牌，郎酒正在复兴中国酱香白酒文化潮流，也是在为未来留下印记——打造中国酱酒的文化符号。

白酒很中国。中国白酒文化源远流长，是中国文化精粹的一部分，在一定程度上承担着未来让我们中国方式变成世界骄傲的重任。

郎酒、中国白酒、中国 Style 如何真正走向世界，变成为世界所接受的一种方式？我认为，还是要有长远主义，还是要真真正正地与国际标准接轨，要把包括环保在内的多方标准植入、规划到企业发展中。另一方面，要与广义的利益相关者建立更好的关系，让中国白酒、中国品牌、中国 Style，赢得世界发自内心的尊敬、贴近和喜欢。

（根据秦朔在 2020 新浪十大年度经济人物评选会的讲话整理）

中国郎注疏

请进来　走出去

"路漫漫其修远兮，吾将上下而求索。"在探寻中国品牌国际化之路上，爱国诗人屈原的这两句千古绝唱依然常读常新。随着各个行业的发展，白酒行业也进入了深度的调整和经济全球化的发展。中国的白酒要"请进来，走出去"、国际化，是近年来白酒行业热议的话题之一。我国的白酒国际化任重道远，走出去是必然选择。

白酒国际化的口号已提出多年，"走出去"是国内白酒亟需解决的问题，国外消费者对于中国白酒的认知直接影响着白酒在国际上的接受度。茅台、郎酒近年来都有布局各类国际活动，积极将中国白酒形象推广出去，让外国人也能感受中国白酒的魅力。

我国的高端品牌白酒众多，其中地处酱香白酒酿造的优质地带——赤水河河畔的郎酒，深受消费者喜爱。赤水河自古以来有"美酒河"之称，孕育了庄园酱酒青花郎。青花郎的特点是酱香突出、醇厚净爽、幽雅细腻、回味悠长，空杯留香久。

近年来，郎酒的国际化动作越来越多，不断开拓国际市场，提高西方消费者对中国白酒的认知，将中国酒文化的弘扬作为自身责任，让世界领略中国郎的风光、感受中国郎的气度。

2020年1月的塞纳河畔，郎酒法国上市发布会在巴黎威斯汀酒店举行，青花郎、红花郎、郎牌特曲、小郎酒正式登陆巴黎。郎酒正式启动法国市场，为法国消费者时尚与高品质生活添彩。郎酒的隆重登场，为法国华人与当地友人一生中的美好时刻而来，为中华文化在法国的传播而来，更为中法经贸发展而来。

法国当地经销商江州国际董事长廖灵波高度赞誉："我期待，中华传统酒文化从这一刻开始，与欧洲艺术碰撞出不一样的火花，把祖国味道带到欧洲并发扬光大。"

在华人开拓世界的进程中，郎酒正不断加快步伐、与其相伴，做华人美好生活的见证者，成为世界各地的重要元素。目前，郎酒国际业务已形成以中国香港、中国澳门地区，东南亚以及几大免税集团为核心，北美洲、欧洲、非洲、大洋洲有序推进的良好局面。

除了走出国门，郎酒坚定不移走进高校及龙头企业，走进清华、浙大、武汉理工、江南大学、四川省食品发酵工业研究设计院，打造最潮最酷最时尚的郎酒；探访德国工业机器人巨头 KUKA，打造行业最潮最酷最时尚的智慧工厂；探访科大智能，打造郎酒极致品质；探访索菲亚成都智能工厂工业 4.0，只为郎酒极致品质……

"走出去"如火如荼，"请进来"卓有成效：郎酒庄园自 2020 年 5 月 1 日盛大启幕以来，接待来宾超 10 万人次，已有 2000 余名企业领袖、商界精英亲临庄园，体验"生长养藏，天地仁和"的酿储秘籍。云南白药集团联席董事长陈发树，海尔集团董事局副主席、总裁周云杰，通威股份总裁郭异忠及美的集团中国区域工程公司 200 多位嘉宾到访郎酒庄园后纷纷感叹，"将美好印入人心"是郎酒的不渝初心与前行方向，并对此强烈共鸣。

"莫愁前路无知己，天下谁人不识君。"有华人的地方，就有郎酒；有价值的地方，就有郎酒。

闻香识美酒

6

定盘强、长、大

《酒业财经》 欧阳瑾

> 弹衣尘去客归山，闲步无痕醉不堪。
> 夜色阑珊灯是月，心魂相守水如兰。

《弹衣尘去》这首诗，是我从成都全国春季糖酒会现场，星夜飞奔郎酒庄园参加三品节颁奖盛典的切身感受。来到郎酒度假酒店大门的那一刻，细雨纷飞，山风扑面，夜灯如月，空气如兰，我的一身风尘，似乎在这阑珊之夜，瞬间弹衣而去。置身郎酒庄园，凭栏临水，光影相随，如云如林如梦如幻。烧烤摊前，歌舞在侧，酒香入心；酒庄身后，山静如禅，闲步无痕，一时痴了醉了……

而在次日上午 10 点领完奖后又飞身上车赶往成都糖酒会。车中，一路与送我的司机聊着郎酒的发展史，他的自豪感溢于言表。想起郎酒度假酒店工作人员无处不在的笑脸，想起造福一方的郎酒山水，想起匠心传承的人文风土，我又情不自禁地在手机上写下了《三品郎酒》：

> 一瓶美酒出深山，三品传说云破关。
> 壶底匠心何自在，风吹十里月开坛。

是啊，谁能想到，一个山困路阻、人无三分地、地无三尺平的沟壑之地，在汪俊林董事长入主郎酒之后，竟然风驰电掣地在短短的发展历程中，突破山水之限，开疆拓土，破关扬名，成就了中国酒业可圈可点的图腾传说。

回望过去，郎酒如狼；放眼现在，郎酒似虎。无论企业规模还是品牌影响力都已经今非昔比的郎酒，又在抒写自己的传奇。而新战略的发布，三品节的启幕，彰显了郎酒庄园未来可期的宏伟蓝图。

作为一名投身酒业近二十年的专业媒体人，见证过郎酒的点点滴滴，更希望在未来的发展历程中，充分集成自身已有的诸多优势，横刀立马，再接再厉，一路山水逶迤。

我所给出的建议，就是简单的几句话：庄园定盘，文化铸魂，市场弘扬狼性精神冲锋陷阵，行业抢占庄园酱酒话语权与制高点，未来的郎酒庄园要做中国白酒开创性的集大成者。

庄园定盘，就是要围绕现在新的战略定位，说深说透说够庄园酱酒的点点滴滴，使之成为名副其实的酱酒庄园，甚至成为中国酒业的一块丰碑，只有这样的定盘之力，才会经典永流传。

在还没有白酒庄园成为中国白酒标杆的当下，郎酒庄园凭借得天独厚的环境、规模与品质，已经无可厚非地坐到了行业的第一把交椅。先手执棋之际，先声夺人之势，这样的定盘占位先机，虽似天资之赐，实系人力之勤。

文化铸魂，就是要把郎酒庄园天造地设唯我独有的山水人文风土资源，转化为品牌文化建设血肉相连的枝枝叶叶，进而让文化之树开枝散叶，做到酒不再仅仅是酒，品牌文化的魔力才会点石成金。学会讲故事，文化自成文，品牌自生魂。但是行文生魂，不会一蹴而就，而要持之以恒地积累沉淀，才可历久弥香，为我所用，取之不竭。

弘扬郎酒精神，就是再接再厉发挥郎酒攻城略地的市场狼性，让行业看到生命不息奋斗不止的进取之心，郎酒的成功，从来都是干出来的。行业对于郎酒的此致敬礼，都是来自市场的跑马圈地团队合围，郎酒的拼搏精神，是很多白酒企业想学的攻伐之道。未来的郎酒，市场铁骑更应一往无前，让执行力幻化为更大的竞争力。

抢占庄园酱酒的行业话语权与制高点，在当前规模与名气都没有竞争对手的行业现实之下，构建白酒庄园标准，诉求庄园酱酒之道，无论言论还是行动，郎酒都是中国庄园酱酒的探索者、扛旗手、活范本。在这样的行业语境之下，郎酒庄园，中国第一，世界第一，舍我其谁？

如是，开创庄园酱酒新时代的郎酒，绝对是中国白酒庄园的行业标杆。这样毫无悬念的发展现实，是不是已经如探囊取物了呢？

中国郎注疏

做强　做长　做大

"拿舟漾明月，把酒对青山。"中国酒历史悠久，底蕴深厚。同为酱香翘楚，"赤水河畔的姐妹花"一个在贵州，一个在四川，共饮一江水。离开茅台镇，造不出茅台酒；不在二郎滩，也绝不会有青花郎。"历史偏爱茅台，大自然更爱郎酒"，大自然赋予了郎酒得天独厚的生长条件，后者因此具有了庄园的禀赋。

"造化钟神秀，阴阳割昏晓。"赤水河流域的水质、气候、微生物种群以及产于周边的米红粱，一同成就了美酒之河，这对于流域内酿酒企业是一视同仁的。但说"大自然更爱郎酒",是因为它额外地赠予郎酒这几个巨大的、最适宜藏酒的自然洞窟,让它的美酒生长链条至为完整。

如果说自然馈赠让郎酒得天独厚,赢在了起跑线上,那么,在后天努力上,郎酒同样一骑绝尘、遥遥领先。近两年,白酒行业大环境复苏,不少酒企进入增长新周期,但在消费升级背景下,依靠规模数量的传统发展方式已不是长久之计,白酒产品能否实现品牌升级,将品质和品牌的价值进一步释放,已成为增长新周期下各大白酒企业要研究的重要课题。

在此局势下,郎酒不断把握产品的高品质和更大市场的机遇,将品质级白酒带给中国消费者的同时,也将传承千年的白酒文化带给更多爱酒人士。尤其郎酒庄园的建成,不仅成为其品牌的坚实基地,也成就更加精致的美酒时代。

不止如此,作为深耕行业多年的百年企业,郎酒始终坚持名酒化运作,强调品质,视品质为生命。近年来,郎酒能以青花郎等产品迅速打开高端市场,就得益于此。

与此同时,近年来,郎酒强化体验营销创新,以郎酒庄园为载体,广泛邀请社会业界领袖、主流媒体、高端客户群体等到访郎酒庄园,感受郎酒极致的"品质、品牌、品味"。

《易经》曰:"变者境,不变者律;可变者形,不可变者心。"在变的潮流中,有一些不变的东西却成为了品牌被传承、延续的"心"。郎酒做强、做长、做大的心,从未改变,且在时代起承转合中不断散发出新的内涵。

7

系统造势

四川　孙懿

品牌国际化，让资本助推做大做强。郎酒文化内涵深厚，品质卓越，且连续牵手世界互联网大会，体现出了郎酒的国际视野。但必须看到，在国际品牌价值排名中，郎酒还需做出更大努力。

目前，中国白酒企业仅有一家在海外有排行，要让世界知道郎酒，还有一个漫长的过程。因此，郎酒应继续利用郎酒庄园打造固定消费人群，扩大自己朋友圈，这正是资本品牌的打造，也是郎酒在即将上市后需要积累和进步的过程。相信未来，郎酒在世界品牌中出圈指日可待。

通过这次的云上三品节活动，可以看出郎酒对品牌、对消费者意见、感受的重视。作为传统企业，郎酒近年来的发展速度，几乎可以媲美互联网公司。可以说，它是一座潜力无限的"富矿"。在坚持"三品战略"的同时，郎酒应继续以开放的眼光，去应对市场的变化，用户的变化。

当前酒企都在以润物细无声的方式讲文化、宣扬文化自信。郎酒也有很深的文化底蕴，它的酿造文化、赤水河盐运文化、长征红色文化以及新建成的郎酒庄园、山谷光影秀，都有鲜明的特征。以山谷光影秀为例，在我看来，它甚至可与印象刘三姐和武夷山印象大红袍媲美，唯一的区别只是这里没有真人表演，它该被更多的人了解。比如可以利用好媒体差异化，进行大事件营销；借助名人力量进行传播，甚至可以请印象系列导演张艺谋来感受。

以匠心致创新突出软实力，做世界酒庄文化的代表。随着中国经济高速发展，中国文化输出增强，郎酒庄园是中国第一个白酒庄园，未来应当用创新的思维，让它成为酒庄园的代表，承担起让酒庄文化更加丰富的文化使命和文化责任。可以通过定期举行开放日、遇见酿酒师、艺术家设计酒标大赛、美食大赛等活动让郎酒庄园被更多人认识。

中国郎注疏

生态、智力、资本助力系统

"在天宝洞、仁和洞，我看见的是时间，时间和美酒原本就是一对孪生兄弟，敢于投资时间的人，一定能够成功。"

正如此话所说，时间成就品质，郎酒始终用时间酿酒，用匠心酿酒，追求极致品质，郎酒文化是品质文化。

2019年3月，郎酒明确提出追求极致的"品质战略"，首先亮相的郎酒品质工程第一个子系统——郎酒庄园生态系统。郎酒庄园蕴含着郎酒的诚意与匠心，更蕴藏着郎酒将品质战略进行到底的雄心与决心。

以中国"美酒河"赤水河自然环境为基底，依托这里独特的气候、水、土壤和微生物，郎酒投入200亿元打造出这个世界一流的白酒庄园，将郎酒"生长养藏"独特酿储体系完美体现。正是基于得天独厚的自然条件，历时 14 年规划，占地 10 平方公里的郎酒庄园在这里拔地而起。立足黄金酿酒产区，从酿酒的源头开始，到制曲、酿造、储存、勾调、包装及品质体验，郎酒庄园集成了最优质酱酒生产要素，事实上成就了郎酒品质生态系统，是郎酒品质工程的坚实基础。

2019 年 8 月，郎酒品质研究院应运而生，汇聚白酒行业院士级智囊团，打造强有力的智力支持系统，成为推进郎酒品质工程的重要抓手，是郎酒品质战略的重要载体。

郎酒品质研究院以"基础性研究"和"应用型研究"为主要内容。通过微生态环境、粮食原料、制曲、酿造、酒体、制造工艺和智慧工厂七大研究中心，立足基础性研究与应用型研究两大方向，科学结合产、学、研，涵盖酿储全环节，对白酒原料采购和生产、制曲、酿造、储存、勾调等方面，进行全方位的信息化和智能化研究，为郎酒品质工程建设提供强大的智力支持，全面提升新产品、新工艺开发能力及新产品应用推广技术水平，加速成果转化，优化产品结构，促进规模化生产，以适应行业的技术进步以及消费群体对产品和服务的更高要求。

目前，公司正在积极筹备 IPO①，希望借助资本市场实现社会对企业的监督，帮助企业更加透明、规范化运作，更加长远、健康发展。

公司将重点推动产能建设和生产技术改造，提高名优基酒生产能力，提升产品品质，加强管理创新、市场开发、人才培育和资产运营，充分发挥已有的品牌优势、营销优势、环境优势、技术优势、质量优势、管理优势，立足白酒主业的发展，借助资本运作、差异

---

①IPO：首次公开募股。

化竞争手段，进一步培育和放大企业核心竞争力，提升企业形象，维护郎酒品牌，巩固行业地位，实现营业收入和盈利能力的持续增长，使企业成为业绩优良、管理科学、运作规范的上市公司，在白酒行业具有重要地位。

从品质战略，到郎酒庄园生态系统、品质研究院智力系统、资本市场助力系统三大系统全面推进，郎酒在品质道路上稳步前行。

蒸蒸日上

8

体系赛道

四川成都　郝畅

很多人把 2021 年春季糖酒会戏称为"酱酒会"。的确，现在的白酒市场，酱酒的发展势头越发强劲。资本是最能检验一个行业热度的标准，近两年来，行业内很多其他香型白酒企业逐渐涉足酱酒产业，很多白酒行业外的资本，也在投资酱酒产业，市场各方讨论热度与日俱增。

行业热度的背后是消费人群的选择偏爱。生活中，我感受到身边朋友中越来越多的人开始了解郎酒。作为酱酒中老名牌，郎酒本身在酒友中口碑极好。一般小聚，喝不了太多，老酒友们自家都存点郎牌郎酒做口粮；稍微正式点的聚餐，可以用红花郎；更重要的接待，高端的青花郎拿出来，很有面子。

不得不说，作为四川人，看郎酒这几年的发展颇有共荣感，传统名牌的酒企不少，但真的把品牌做得越来越强大也难。但近两年，郎酒价值都突破千亿，产品品质方面也不断强调，存老酒的规模 15 万吨，这是酱酒企业进一步发展的底气，也是支撑品牌继续乘风破浪的基础。听不少经销商说，今年很多节日期间出现郎酒供不应求的情况，可见郎酒品牌在市场回响了。

有品牌，有市场，有老酒，基础优势很明显。但作为白酒爱好者，我还有个建议，红花郎、青花郎能否推出特定系列收藏酒，比如特定生肖系列等，形成更多的产品组合，补充收藏市场。

另外，身处世界上"最贵"的赤水河河谷，比起对岸的品牌价值，郎酒还有很大的发挥空间。当然随着郎酒庄园声名逐渐起来，郎酒其实已经在开启新赛道，期待在这个世界级的白酒庄园加持下，郎酒整体发展能更加快速且稳健。同时虽然我平时好美酒，不少时候贪杯，但也希望郎酒能够调控市场存量，为长久之计，继续扩大老酒的存储手段，构筑更高的品质壁垒，打造百年企业，做更好的美酒！我们酒友们可以等！

中国郎注疏

五大体系

中国酒业协会理事长宋书玉曾在郎酒庄园发表题为《天酿美酒，醉在未来》的主题演讲，深刻阐释酿好酒必须具备的"好山水，好粮谷，好酒神，好心人，酿好酒"生态法则。

在他看来，美酒在乎山水之间，山水之间有五谷，山水之间有酒神，山水之间有美酒的酿造，山水之间有美酒的藏养。大自然是最好的酿酒师，无疑，自然生态决定了中国白酒的品质和白酒产业的可持续发展。郎酒庄园，是"与天地合其德，与日月合其明，与四时合其序"的杰出代表。

正如宋书玉理事长所说，郎酒庄园位于云贵高原与四川盆地接壤的赤水河左岸，东经106°、北纬28°，是世界酱酒核心产区、世界十大烈酒产区之一。郎酒庄园自然条件得天独厚，酿酒资源禀赋优越，是优质酱酒的天选之地。

郎酒始终坚守"正心正德，敬畏自然，崇尚科学，酿好酒"的理念，以赤水河自然环境为基底，郎酒历时14年科学布局，规划建设10平方公里的郎酒庄园，科学串联五大生态酿酒区、四种形态的储酒区、专属个性化奢香私藏高端定制区。这里生态环保，绿色发展，生产源于自然，企业融于自然，不因企业发展而破坏自然生态，企业与自然和谐共生，真正做到了可持续发展。

郎酒以庄园为载体，构建起以"生态、酿造、储存、品控、体验"为支撑的五大体系，塑造世界级产品——青花郎，并将青花郎定位为赤水河左岸庄园酱酒，将青花郎的真实生产、储存、老熟、勾调等特点如实呈现给广大消费者，由广大消费者去品评、传说。

郎酒庄园，除非亲临，无法言说，在此，向全球消费者发出邀请，一起走进郎酒庄园，品味世界佳酿。

鸟瞰郎酒庄园

9

科学与健康

四川成都　二娃

最近这几年，随着人们对理性健康生活理念的重视，各行各业"大健康"都比较火爆。尤其是与人们生活息息相关的衣食住行产业中，"健康"意识的觉醒，尤为明显。

白酒作为国人很是钟爱的一款传统饮品，与日常生活息息相关。近年来，白酒产业对健康发展高度关注，同时不同于以往，更多品牌在倡导"饮健康酒、健康饮酒"，为更多人一起树立理性消费及饮酒的共识。

当前，随着白酒行业头部版图越发清晰，强者恒强的马太效应愈发明显，中国白酒行业竞争格局面临着全新升级，可以说是已经进入以"品质＋品牌＋文化＋健康"为特点的营销新时代。整体营销也已开始向"健康饮酒、饮健康酒"方向发展。

之前看公开数据讲，中国健康酒目前市场份额超过 400 亿元，未来几年销售规模将突破 1000 亿元。

因为家乡酒企，我对郎酒听说比较多，整体发展过程，一直以品质主义为核心的发展路径，品质、品牌文化早已深入人心。我发觉在这个过程中，郎酒在倡导理性健康消费习惯，但还没有开发"健康酒"系列。因此，对于郎酒布局大健康产业，我有以下几个小小的建议供郎酒参考：

一、布局健康酒产品，打造新增长极

品质是企业赖以生存的第一生产力。当前健康酒市场鱼龙混杂，标准未立，郎酒可在健康酒研发上，投入更多的精力，以破局之势打造一款全新的"健康白酒"，突破行业壁垒，将其打造为郎酒新的王牌产品，进而占领大健康市场。

需要注意的是，在打造该产品时，一定要有核心突破，否则将没有任何意义。突出差异化，这才是能够抢占市场的关键。此外，要以消费者为核心，真正满足消费者对于健康酒的需求。

郎酒作为酒中知名的品牌，有着名酒效应，在健康酒基因的基础上，依靠新技术、新工艺的介入，打造新健康白酒概念，赢得消费者信赖。而后再围绕其差异化定位快速占领市场，将品质与特色作为郎酒健康酒的核心，进而在众多品牌竞争的健康酒市场中，实现弯道超车，进而占领大健康市场。

二、深度跨领域合作，实现强强联合

不少消费者认为，白酒主打健康的概念，本身就是个伪命题。但郎酒这种酱香型白酒，相较来说酿造工艺繁杂，存放时间长，有一定的微生物平衡，在白酒类产品中是有着健康酒基因的，但喝酒需适量适度。

所以拓展更大市场，引导教育是核心。但对单一企业而言，郎酒如果也要布局健康产业，想要获得消费者信赖，就需要强大科学技术、产品创新背景为其背书，使消费者放心。在具体实施上，可与药业、医院等开展深入、广泛的战略合作，在大健康发展之路上实现 1+1＞2 的功效。

作为国家战略之一，大健康在很长一段时间内都将是重点发展产业，这一点是无可厚非的。"在风口上，猪都能飞起来"，话糙理不糙。大健康需求的存在，给每个行业、企业都带来了机会，就看谁能把握住这个机会。因此，郎酒理应抓住这个机会，结合企业具体形式，积极布局大健康产业，把握住未来市场的蓝海方向，掌握消费市场，打造属于郎酒的新增长极。

本人研究酒业数年，在大众有着健康需求的今天，我尤其看好健康白酒的发展。郎酒有着品质与文化的独特属性，在品牌力量的加持之下，依托健康品质、健康价值的核心竞争优势，如果布局大健康市场，相信郎酒是可以和"庄园酱酒"一样，走出一条独树一帜的道路的。如此一来，郎酒健康酒势必会成为未来酒类市场的主角。

中国郎注疏

崇尚科学

千年流荡的赤水河、云贵高原与四川盆地接壤处独有的气候造就了得天独厚的酿酒条件，但如何更好依托这些自然优势，让佳酿口感更上层楼？匹配市场需求如何确保品质更优？满足大众健康需求，如何让消费者喝好点？

郎酒起源可追溯到汉朝，因"味甚美之"而备受古时上流氏族喜爱，也因此能随着岁月不断改善，传承到今日。

郎酒酿造讲究纷繁复杂的酿造工艺过程。简单地说，就是遵循

"12987"工序，基础工序长达 1 年，2 次投粮，9 次蒸煮，8 次发酵，7 次取酒，方得最后的新酒；此后还有长达数年的存储、勾调、包装环节。

郎酒发展至今，是数代人坚持对这个行业的改良探索和积累，除遵循古法酿造，郎酒人还借势技术发展，崇尚科学，依托赤水河畔酱酒核心产区的天赐优势、千年传承进化的酿造工艺，形成的更精湛的制曲工艺、酿酒工艺、贮存工艺、勾调工艺、包装工艺……

2019 年 8 月，郎酒品质研究院在郎酒庄园正式揭牌成立，由院士领衔行业顶级专家组成专家委员会，专家组成员全部来自酿酒研究一线的泰斗，同时包含合作的 8 家高校等单位。研究团队将结合产、学、研三方优势，为郎酒战略与高质量发展献智献力。揭牌现场，郎酒表示品质研究院研究范围将包括郎酒酿造储存全环节，课题来源于实践，研究成果运用于实践。

郎酒品质研究院用产学研三方结合，逐一深入这些繁杂的酿造工序，寻求制曲、酿造、储存、勾调、包装等全工艺环节的科学原理，围绕郎酒的极致品质，服务于实践，服务于郎酒工匠们。

比如计算机勾调系统：在酒体大师的指挥下，系统"挥舞"着大大小小的试管和烧杯，严格按照指令推进工艺步骤，精准度是一般人工无法企及的。

再如酱酒原料米红粱，郎酒自主研发与种植专用糯高粱——郎糯红 19 号，从酿酒源头上有效地控制和保障了酱香酒的绿色、有机、健康的内在品质。

历史的车轮滚滚向前，互联网化、科技化是必然的一个发展趋势，也是传统行业要在时代浪潮下更好持续发展的有力加持。

无论郎酒将来是否推出"健康酒"，郎酒将始终崇尚科学，酿好酒。用科学技术来加持酿造，不仅是代替部分酿酒工匠们繁重、重复的操作工序，更重要的是，通过这个过程，系统能收集到各种酿造参数，用智能化辅助工匠们掌握酿造过程。现代文明与古代智慧的结合，目的依然是酿出更高品质、更加健康的美酒，满足大众喝好酒的消费需求。

郎酒关注"她力量"重视"她需求"

10

数字化

四川成都 蒲蔚

　　与郎酒的第一次"遇见",是去年——无意间看到小郎酒的"生日赠酒"活动,成功领取四瓶酒后,在特殊的日子收到郎酒的爱,内心还是很感动。也是自那以后,我就成了郎酒的忠实粉丝,更加关心郎酒的发展,也期待郎酒早日上市。

　　作为因小郎酒"生日赠酒"活动而发展成为忠实粉丝的消费者,我认为:依托于最新技术而开展相关品牌活动,非常有必要。郎酒在接下来的发展之中,应该积极推动数字化转型,迎接数字化浪潮的到来,为企业发展赋能助力。

　　积极推动数字化转型,对企业来说相当于"换血"。整个数字化布局应包括但不限于酿造数字化、产品数字化、渠道数字化、终端数字化以及消费者数字化等。通过每个环节间数字化的环环相扣,重塑整个生产、销售产业链,最终达到降本增效的目的。

　　在几大环节中,尤其需要注意的是消费者数字化。传统的商消关系,被认为是单纯的"买卖关系",这就导致了生产端和消费者之间的严重脱节,消费者的真实需求往往无法正常反馈到生产端。在当前的市场中,商家和消费者的关系已发生大的转变,纯粹的"买卖关系"已不复存在,而是对商家提出了更高标准的要求,正在向

"服务关系"转变。这也就意味着，只有为消费者提供最贴心服务的企业，才能更好地抓住消费者的心。

众所周知，郎酒的"一物一码"技术已经运用多年且非常成熟，已通过线上平台积累起大量的消费者。对于收集起来的庞大数据，要合理利用，使用数据分析等工具，对消费者进行人物画像，划分群体类别，收集他们的需求，同时把反馈回来的数据、信息作用于生产环节，从而实现正向循环，在完成生产的同时满足消费者的需求，培养出一批忠实的消费群体，提升消费者复购率。

中国郎注疏

拥抱互联网

正如中国酒业协会秘书长何勇所说："数字化浪潮已经来临，不管你接受不接受，它都来了。"在数字化的道路上，郎酒一步一个脚印，已探索出一条独一无二的特色之路。

2019年，郎酒第一次走进乌镇，以积极姿态拥抱数字文明建设；2020年，郎酒股份副董事长汪博炜正式提出"郎酒乌镇主张"——以数字赋能极致品质，打造更潮更酷更时尚的青花郎；2021年，在"郎酒乌镇主张"发布一周年之际，"郎酒乌镇路径"脉络逐渐明晰，依托互联网新思维、新技术，全面赋能郎酒"品质、品牌、品味"三品战略，郎酒的数字化转型升级成果显著。

首先是数字赋能郎酒品质追求。为求极致品质，郎酒在白酒酿造这一传统行业里，不断探索，融入现代科技——在酿造车间里，使用先进传感器技术和大数据为生产赋能。传感器的应用，成功地帮助酿酒师从感觉、经验的主观世界中走向科学、精确、标准的数字化世界，进而更好地把握关键工艺，大幅提升酒体品质，酿更好的酒——依托此数字化技术，郎酒 2020 批出酒率同比提升约 1.6%、特级酒优质品率提升约 1.5%。传感器——数据传输存储——数据分析与建模的数据采集分析系统，只是郎酒数字系统建设工程中的一个小小剪影。郎酒品质研究院还在不断联合各机构展开深入研究，覆盖郎酒酿储全环节，各个击破，步步为营，用数字化技术全面提升郎酒品质。

其次是数字赋能郎酒消费者追求。郎酒坚持以消费者为中心，打造了郎酒 PLUS①这一全新的数字化、个性化会员服务系统和互动平台，向消费者再靠近一点点。通过郎酒 PLUS，消费者打开瓶盖，扫二维码凑积分，即可兑换丰富好礼。寻找身边的销售门店，地图导航一点，轻松抵达。平台上线一年，郎酒 PLUS 活跃用户量突破 800 万人，兑换礼品超过 21 万件。通过这一数字化探索，郎酒与消费者的互动连接、触达关怀及个性化服务都得到了成功升级。

年轻消费群体的崛起，让酒业的销售和营销模式也更新换代。郎酒全力发展电商平台，通过各种 IP 和节日营销，拉近与消费者的距离，郎酒电商平台官方旗舰店会员目前已突破 500 万。依托数字技术，郎酒庄园的私人定制消费者如今只要拿出手机，就能实时观看到自己储存在郎酒庄园内的定制酒，用户体验得到了一致好评。

再次是数字赋能郎酒长期追求。自 2019 年，青花郎已三次从赤水河左岸走进桐乡世界互联网大会。几年来，青花郎品质、品牌、品味不断提升，连续三年发布世界互联网大会纪念酒，取得很好的市场反应，广受消费者喜爱。郎酒坚守长期主义，以长跑心态壮大

---

① 郎酒 PLUS：是指郎酒粉丝互动平台。

白酒事业。基于共同的品质追求和彼此信赖，2021 年 8 月，青花郎
与世界互联网大会签订三年之约，长相携手，青花郎深度拥抱数字
文明建设，向着更高的品质追求、更大的价值创造、更好的消费者
服务迈进。

2020 年郎酒股份副董事长汪博炜（左一）参加世界互联网大会并提
出"郎酒乌镇主张"

11

都市光瓶

云南昆明　李华平

下沉市场潜力无限，郎酒要积极拓展下沉市场，释放下沉市场消费能力。

我从小在农村长大，注意到村子里的老一辈人尤其爱喝酒，几乎每天都要喝上几两。但他们平时所喝之酒，大多买自街坊邻居的散酒或用散酒加枸杞、红枣、部分中药特制的泡酒，对市面上的白酒知识了解极少，问及白酒品牌，更是毫无概念。

无可厚非，散酒有散酒的优势。在同样的原材料、工艺之下，没有华丽包装的散酒在价格上有着自己的优势。但散酒终归是"散"，并非全不好，但总归有些不规范的小作坊所酿之酒，品质始终是无法保证的。

作为下一代来讲，无法改变他们这么多年来养成的喝酒习惯，即使给他们买好了品质更好的品牌酒，往往也是当做礼品收藏着或转手送人用。其中当然有珍惜的成分，但归根结底在于他们对散酒和品牌酒的辨别认知不够，就只能让他们喝好一点，喝健康一点。

拼多多、社区团购等的成功，充分证明了下沉市场的潜力有多广阔。个人认为，中国品牌白酒在下沉市场这方面，同样有着巨大的潜力。除家庭日常饮酒需求之外，婚丧嫁娶、人情往来频繁，对酒水需求量巨大。

郎酒旗下产品线众多，从中低端到中高端再到高端的产品齐全，从光瓶到精美设计的艺术收藏款，价格区间也广阔，完全可以满足不同阶层饮酒人士需求。在下沉市场这块沃土上，郎酒也无需再进行更多改变，只需要在现在的基础之上，重点宣传自身的品牌优势、市场地位，占领用户心智，引导下沉市场消费升级，让更多下沉市场的白酒忠实爱好者感受到郎酒的品质，留下深刻的品牌印象，吸引更多的人过来尝试，体会这种性价比，进而激发下沉市场用户的习惯消费选择。

此外，下沉市场是熟人社会，欲求得品牌传播的裂变，可通过地推、本地信息平台、朋友圈集赞优惠等大众喜闻乐见的裂变方式，在区域间快速打出口碑，以品质口碑打好品牌。同时，下沉市场除了老一辈，还有许多都市青年，他们作为未来白酒市场的主力军，也不得不重视。

中国郎注疏

纯粮兼香　都市光瓶酒

消费下沉或升级的本质，并不是单纯体现在追求市场价格区间变动，而是消费者所需分层。顺品郎所在光瓶酒品类，以"性价比"与"品质升级"并存，十分贴合消费者精细化的消费升级追求，这也是促成顺品郎焕新升级的契机。

2019年7月，在很多地区市场热销的顺品郎，充分迎合大众白酒消费升级趋势，背靠郎酒母品牌的品质根基，以独特的兼香口味、百元左右的亲民价格，焕新升级。

"兼香大战略"是郎酒既定的重要发展战略。2022年，小郎酒的定位升级为"小郎酒，纯粮兼香，小瓶白酒"，顺品郎定位再次升级为"顺品郎，纯粮兼香，都市光瓶酒"。

同作为郎酒旗下兼香产品，两个兼香核心产品的战略定位升级既传递出郎酒在三品战略"品质、品牌、品味"的总指挥旗下，强化兼香品质标签、做强兼香产品影响，专注浓酱兼香型白酒的品质工艺，做大兼香的决心和信心。

20世纪70年代，首代兼香郎酒"郎泉酒"已经面世，时间打磨，岁月历练，工艺升级，现在郎酒的浓酱兼香型产品在行业内独具特色，独创的"浓酱兼香型白酒生产方法"专利技术，曾分别荣获四川省专利特等奖、中国专利优秀奖等奖项。同时依托着泸州产区、郎酒庄园的产能优势，集优质浓香产品之醇、优质酱香产品之雅于一身，完美融合浓、酱之所长，是以行业预判，未来郎酒产品潜力可期，拥有广阔的发展空间。

而从2018年到2020年，郎酒旗下处于中低价格带的产品销售收入大幅提升，顺品郎作为光瓶类重要单品在市场的表现可窥见一斑。

同时，作为都市大光瓶酒，致力顺品郎融入大众消费生活中。近两年内，顺品郎联合成都的美食栏目进行探店，描绘属于老百姓的美食地图；联合深圳等不同地区民生类栏目，走进消费者生活中，这些活动依然是郎酒整体品牌建设方面的重要组成部分。

大众消费市场有了稳定根基，再凭借产品的品质沉淀和品牌渠道的不断升级，未来将会有更多白酒爱好者了解"性价比"与"品质升级"并存的顺品郎。

12

共赢胜仗

四川乐山　何建川

我的建议，总结为两点。

其一，与商家共创，共同维护消费者需求。

酒是消耗品，消费者的需求决定购买时的选择，高端消费者喝的是文化、品质与格调，下沉市场看的是价格、定位和调性。

目前，高端产品借郎酒庄园向上发展已是非常好的突破口，但在行业平衡和市场模式方面，要想借这座世界级别的白酒庄园助推白酒成功国际化发展，还有很远的路要走。在此之前，提升酒体品质，讲好品牌故事，吸纳高端消费者至关重要。

平价产品的市场下沉不够，低端市场消费者对品牌的感知度并不高，郎酒想要进一步拓展消费市场，不能仅做品牌宣传，可以尝试增加产品调性，做个性化营销，让消费者为产品调性买单。因此，如何与商家共同维护好各类消费者，是至关重要的研究主题。

其二，改善人群接纳度，提升品牌魅力。

当郎酒庄园脱颖而出的时候，真的很让我惊艳。众所周知，"庄园"这一词在大家的印象中都是国外葡萄酒名牌的标配，但现在，我们白酒也有了自己的酒庄，还被打造得如此之美，令业内外都惊叹。

郎酒是我的家人最喜欢的白酒品牌，小时候每逢聚餐必有郎酒。因为家中长辈喜酒，所以从我懂事开始，我对酒的文化就有兴趣，也知道酒不仅仅是酒，它更代表着交际、交情。在国人心中，这是氛围的营造者和感情的见证者。

但是我也想说，作为"80后"的一代人，我对白酒的热爱度是远远不够的。也是基于个人的经历感受，是不是可以有一种本身就带有轻松氛围的白酒，一般好友相聚，即使白酒也不显得太"隆重"，让大家能够玩起来，能感受真的白酒魅力。

郎酒庄园的出现，已经是打破了传统的白酒模式，郎酒也成为了白酒行业破局的先行者、引导者，所以在此我想建议郎酒，做好白酒产品的同时，积极开展多种消费者活动，能够辅助大家放下"戒心"，真正感受郎酒这种美酒的魅力，让大家可以玩起来，通过调酒册指引，让不喝酒的也能被带动起来，让郎酒在饭局中显得更有魅力，让团聚的人们更能享受那种微醺和惬意。

中国郎注疏

打胜仗

无论何种行业，厂商之间的博弈从未停止，尤其是白酒行业，没有一个厂家能够完全脱离经销商实现直供，也没有一个商家能够完全脱离厂家去打造自身品牌。但此博弈不是"零和"，而是共存共赢，尤其是在市场从品牌为王向用户为王转变后，如何维护各类消费者，满足消费者的多样需求，需要厂商之间"互信共赢，共商共建，分工合作"，更需要"齐步走"的默契。

　　"用三年时间调整好商家结构，稳定、扶持一批大商、好商。"

　　2020 年初，汪俊林董事长在一次经销商会议中提出要实施共赢的扶好商、树大商战略；同年 9 月，郎酒股份发布了《关于深入推进"扶好商、树大商"工作落地实施的通知》文件，再次强调"相互成就"的重中之重。

　　其中"厂商共赢"作为战略执行的原则和根本要求：扶持优质客户提升经营利益，保长期发展，并拟明确厂商合作机制，优化模式、简化程序、提高效率；同时尊重不同经销商之间的差异，分步推进，并维护好各方的合理利益。

　　对于成熟白酒品牌，厂商之间通常有着更深厚的传承与情感优势。同样作为厂家企业，郎酒也将携手共度作为相处基础。2020 年初，疫情突至，多地市场工作陷入困境，郎酒召开"大稳定　战疫情"主题电话会议，专门研究部署疫情期间商家扶持、灵活应对市场变化等重大问题，首先被强调的原则就是——绝不放弃每一个因疫情陷入经营困境的商家朋友。

　　所有郎酒人和郎酒商家朋友团结一心，一起分析市场，制定策略，灵活应对市场变化。作为经销商的坚强后盾，郎酒对有特殊困难的商家朋友和对疫情重灾区的特殊困难商家，给予特殊的市场和产品支持，甚至资金支持，共渡难关。

　　种种系列动作，旨在为消费者提供更好的产品与服务，实现市场规模和市场效益的良性增长。

　　依托郎酒庄园，包机庄园之旅、年度会员盛典、会员专属酒、生日礼遇、高尔夫等活动，郎酒与商家正持续为消费者带来满意、感动和惊喜。

13

持续重塑

湖北   王海兵

我的建议是关于郎酒微信公众号内容矩阵的规划。

一、关于账号的定位

2021 年 3 月 19 日，郎酒举行了青花郎战略升级发布会，宣布郎酒正式进入"赤水河左岸   庄园酱酒"的崭新时代。为了全面提升郎酒品质及品牌影响力，酱香郎酒将全部产自郎酒庄园，且庄园供白酒爱好者参观，通过闻、看、摸、喝，来充分体验郎酒的品质及特色。这个背景下，分析最核心的目标受众为 25—60 岁的青年、中年和老年爱酒男性，即对白酒有一定了解，喜欢喝酒，且有时间和资金来支撑自己这项兴趣爱好，有一定的中高端社交活动及社交需求，喜爱中国历史及酒文化的人群。

该账号可以为用户提供中国白酒历史文化资讯，白酒行业发展及动态解析，提供作为中国目前唯一的白酒庄园的优质服务及文化传承等线下参观活动。

账号运营后，可传播郎酒的品质主义，吸纳更多白酒爱好者成为郎酒的忠实用户，并来到郎酒庄园参观，拓展郎酒的经销渠道，增加郎酒销售业绩，为增加市场占有率提供持续动力。从宏观的中国白酒历史文化，过渡到微观的郎酒品牌及庄园建设，进而树立品牌形象，再重新上升到宏观的白酒行业的品质主义。

二、关于内容构成

可以设置五个栏目："酒史故事"讲述中国源远流长的白酒历史及文化故事，"酒业市场"提供中国白酒市场的现状分析及趋势预测，"酒中大咖"分享白酒行业大咖人物专访或人物故事等，"庄园风采"介绍关于郎酒庄园的全方位介绍以及中国郎·山谷光影秀的直播活动，"活动播报"郎酒举办的线下活动播报展示以及郎酒与其他企业品牌的合作活动。

其中除"酒业市场"可约稿外，其他均可原创。账号运营主要重内容制作与活动策划，通过线上优质内容增加用户黏性、线下活动拉新的同时，提升老用户质量。

三、分析账号的优劣势

郎酒的战略定位选择充分发挥郎酒庄园的优势来独辟蹊径，在中国酒业市场创造第一个白酒庄园，并将酱香酒上升至庄园级别。对此，因有庄园独特内容的加持，会为订阅号的原创推文提供更多不可复制的素材。

中国郎注疏

持续与重复

用差异化的品牌定位占领消费者心智，用持续有效的大众传播形成社会记忆点——两者的结合，是品牌影响力形成的必经之路。

传播学的理论分析中提到，社会群体和大众传播是人们判断意见环境（周围意见的分布情况）的主要信息源，后者影响更大。如果你看到的多数传播内容高度类似，更容易产生共鸣；同一类信息传播时间上的持续性和重复性，更能累积效果。

也就是在公开的传播中被一直强调的意见，更容易被当作优势或多数的认知。当然品牌的传播建设与社会信息传播略有不同，但要想让更多人对品牌有认知，信息不断重复出现，这个动作的重要性不言而喻。

持续出现，反复告知，要建立认知就不止要传播一阵子，或者一年两年，而是伴随着郎酒企业的发展，品牌的建设，三品战略的推进，在未来三年、五年、十年或更久时间内保持。

以郎酒庄园的传播为例，2019 年 3 月，郎酒庄园揭开神秘的面纱，四川与贵州接壤的群山深处这座绵延 10 公里的偌大庄园，囊括酱香郎酒"生长养藏"品质脉络，度假酒店、私人定制储酒溶洞、品酒中心、观光景点等高端设施，展示着郎酒庄园对标世界级庄园的目标与决心。

筹建十多年面世，短短两年多，郎酒不仅将"端午制曲""重阳下沙"的传统酿造活动在郎酒庄园举办，还邀请商业界、消费者、经销商伙伴、白酒爱好者一起走进庄园；更携手央视、新华社等不同主流媒体，将"除非亲临，无法言说"的郎酒庄园之美和神秘传递出去，将《中国好声音》的分会场舞台搬到庄园。短短两年多时间，就有多达 15 万人次到访参观过庄园。通过线上推广，酱香郎酒"生长养藏"的品质脉络被不断传播，早已深入广大消费者的内心。

玙珠江靡

　　精准的定位和持续、重复的传播，推动着郎酒知名度不断上升，郎酒的品牌效应也得到了几何级数的扩散。

　　作为郎酒与广大消费者联动的窗口，不难看出郎酒自媒体矩阵的打造，始终在坚持"持续与重复"这个原则。

14

多元联动

湖北　姜珊

首先，是关于郎酒庄园的宣传建议。

郎酒庄园的天宝洞休闲度假酒店，依山傍水而建，整体结构上依循庄园整体结构理念，融合于天地山水之间，其建筑、环境以及灯光等，都有特色和意义价值。郎酒可以对酒店的特色建筑、建设理念等进行策划宣传，比如在微博或短视频平台上注册一个天宝洞休闲度假酒店的账号，并且将账号拟人化、人格化，每天分享一些郎酒庄园里的新鲜事或者美景的优秀摄影作品，让庄园文化通过更轻快的形式，在故事中进行传播。

其次，是关于中国郎·山谷光影秀的推广传播建议。

本人有幸欣赏过全球只此一家的山谷光影秀，其气势之恢宏、情节之丰富，令人惊叹。个人觉得，这样优秀的文化作品需要被广泛传播，需要让更多的人知道，其中所传递的中国历史、白酒文化、郎酒精神，也需要被一同推广出去。

在宣传方面，可以通过时下正热门的抖音、快手、微视等短视频渠道来对光影秀进行有计划的宣传推广。

中国郎·山谷光影秀分为三个篇章，包括第一章《酒香传世千古情》，刻画了美酒传承浓缩博大人文；第二章《赤水佳酿承丹心》

彰显了风云激荡重温美酒芳军；第三章《浑然天成酒中尊》记录了天地仁和以养郎酒之魂。

三个篇章融合了影像、动画、舞蹈、戏剧、说唱、跑酷、武术等多元艺术形式，给观众带来了极强的视觉冲击和独特的原创艺术享受。这其中有不少故事，包括中国历史、白酒历史、红色历史、郎酒发展历程等，可以通过抖音、快手等平台录制优质光影秀片段，通过一定的剪辑与制作，让光影秀广为人知，同时也让郎酒庄园得以更广泛地传播。

最后，是对郎酒历史、郎酒故事的普及与传播建议。

赤水河素来被称为美酒河，其关于白酒的深厚历史毋庸置疑，再加上红军四渡赤水的红色历史，可以充分体现出郎酒所处地域的白酒文化，非常值得被挖掘和传播。所以，郎酒可以对古蔺县或者对二郎镇的古老故事进行搜集和整理，再以微信公众号推文的形式或者短视频讲故事的形式，在平台上进行相应的传播，让郎酒品牌与古蔺县古老文化更紧密地融合在一起，也让更多人知道郎酒发展至今并非偶然，而是历史发展、自然馈赠的必然产物。

中国郎注疏

触点与联动

每个媒介都是一个触点，品牌传播就是要把各个触点联动起来。

郎酒庄园作为郎酒品牌故事的原点，自从开放以来，一直是郎酒传播中核心内容组成部分。2019 年，伴随着品质战略发布，郎酒庄园的"生长养藏"酿造体系成为讲述郎酒产品及整体品牌时不可或缺的组成部分；2020 年升级发布三品战略，郎酒庄园也更加完善，作为三品战略的承载，全面涵盖品质、品牌、品味的推进和建设，不仅天宝洞休闲度假酒店、山谷光影秀都在其中，更以庄园发展带动了二郎镇的部分产业和就业。这些内容也作为郎酒庄园的强相关信息，如骨、如脉，在每次传播中做持续性的输出，令这座庄园以更加立体和生动的形象呈现。

实际传播中，这些内容不仅仅是单一形态。现代多媒介传播趋势下，郎酒作为贴近消费者生活的白酒品牌，需要将不同媒介当作触点去多方位融入百姓生活中。唯一不变的是围绕聚焦品牌的核心内容，围绕核心 IP 印象，持续跟消费者有互动传播，力争在消费者中产生联动的效果。

这一传播理念下，以独特的"12987"传统工序流程为代表的品质内容为例，消费者或在游览郎酒庄园酿造车间时见过，或某天在手机新闻客户端弹出的推文中读到，或在央视的专题报道中听到。

以青花郎与《朗读者》节目的传播为例，除了中央电视台的电视屏幕呈现，各方网络媒体对双方强势合作的报道传播，品牌还在节目启动时期就已经深入《一平方米》的线上、线下朗读亭活动，与观众和消费者互动；节目首播后，郎酒更携手《朗读者》节目官方升级举办了"人人都是朗读者"的活动，在抖音、微博、腾讯视频三大社交平台进行推广，鼓励全民阅读的同时，更将品牌的正能量信息做有效输出。

15

聚焦 IP

四川成都　饭饭喵

白酒作为有着悠久历史的产业，有很多为人乐道的文化故事可挖掘。

郎酒已经用十多年时间，耗费巨资建成郎酒庄园，接下来，郎酒应该进一步扩大升级文旅产业，叫响"白酒爱好者的向往之地"之名，毕竟白酒在国人心中有着一定的国民度，也有着亿万忠实粉丝；应该把更多的人引到郎酒庄园里来，把庄园里的好郎酒、好品质、好故事、好品牌带到全国各地，把这些"粉丝"发展成郎酒"三品文化"的宣讲员、舆论员、引导者。

打造"白酒爱好者的向往之地"文旅路线。与当地政府文旅部门联合，吸引全国各地游客到郎酒体验参观，让爱酒人士充分体验、了解中国白酒文化和酿造过程，进而体会郎酒酿造好酒的匠心诚意，将其打造成白酒爱好者的信仰向往。在这场文化之旅中，可以亲自动手参与酿造（模拟装置）、酿酒现场品尝感受、根据自己爱好勾调小样、封藏订制好酒、聆听大师讲座、观看一场讲述郎酒文化的舞剧，等等。

打造"郎"字文化 IP。通过"白酒爱好者的向往之地"之旅将游客引入郎酒庄园后，就要进一步加大对"郎"字品牌的宣传，讲述郎酒故事；宣传"郎"字符号，通过绘画展览、书法展览、音乐戏曲形式扩大"郎"的展现形式；在园区中，在白酒爱好者脑海中反复强调"郎"字，以此让品牌更加深入人心，让爱酒人提到酒就反射性地联想到"郎酒"。

开发郎酒文化相关文创产品。做强"郎"字 IP 的另一方面就是开发相关文创产品。庄园之旅临别之际，要通过一件件形式多样的文创产品，让游客将郎酒的故事、品质、品牌带回家，做后续延展宣传，也是一个永久的价值留念，起到二次宣传、加大传播力度和辐射范围的作用。也可专门定做一款郎酒纪念小酒，以一两小瓶的纪念装送给游客，临别以酒留念，友情长长久久。

打造圈层营销，借酒庄之旅俘获高黏度粉丝。凡是到酒庄来参观体验的游客，即可加入"郎酒庄园"俱乐部。可定期组织会员活动，粉丝通过小程序报名，举办节日、生日会员专属活动，推出会员优享封藏订制等等。通过俱乐部的形式，一来加大粉丝黏度，让粉丝有一种被认证的归属感，拉近品牌与受众之间的距离。二来，郎酒可以反复组织、召集这些人群组织活动，通过忠实粉丝进行再次传播。

中国郎注疏

聚焦与密度

1885 年，德国心理学家艾宾浩斯研究提出记忆遗忘曲线，即遗忘会在学习之后立即开始，且进程并不均匀，最初遗忘速度最快。这也为企业的品牌传播节奏提供了非常重要的参考：每次的传播触达消费者后有效期短暂，但若持续且密集的触达将持续有效。

对郎酒来说，一切工作围绕"正心正德，敬畏自然，崇尚科学，酿好酒"展开，一切努力为消费者服务。而郎酒的传播则紧紧围绕"持续与重复，聚焦与密度，触点与联动"这一核心理念，讲述郎酒如何做好酒的故事，如何推进实现"品质、品牌、品味"的历程。

在密度上，以郎酒庄园的宣传为例，在媒体投放上，从"除非亲临，无法言说"的简短定制画面，到 15 秒的广告片段，甚至长达 7 分钟的长篇宣传片，在近两年时间内，密集地出现在央视轮播广告时间段、《朗读者》节目播出环节，甚至《新闻联播》后黄金档时段，无论何时打开电视，走出城市，远出家门，都可能看到庄园美景画面。

在内容上，自郎酒庄园开放以来，几乎所有的重要活动都在此举办，从端午制曲、重阳下沙为代表的 IP 节点，到青花郎、郎牌特曲、小郎酒的经销商及消费者重要会议和互动，一年半的时间，不知多少场活动，先后聚齐约 15 万人次亲眼见证中国第一座白酒庄园的魅力。

实际上，随着新媒体技术的发展，信息传播的媒介多元化，跨媒介、多媒介的联动传播已经是成熟趋势。不只郎酒品牌传播的变化，日常传播中跨媒介传播也有很多，比如平日接触的影视剧传播，一部影视作品，除了正片跨平台传播，还将通过整合不同的平台，比如衍生出纸质书、电影、漫画、网络剧、舞台剧、歌曲等系列作品，打造一条融合各种媒介形式的产业链。不同的是，郎酒传播的 IP 是其自身。

聚焦与密度结合的结果，是品牌的深入人心。如今凡是到过郎酒庄园的人，甚至还未曾亲身体会的白酒爱好者，恐怕早已对"生长养藏"、敬天台揽月甚至二郎小镇的酒香加以向往想象。

16

服务"她"

四川   赵丽媛

　　郎酒不应只是男士的专属，广大的女性消费者也可以成为其忠实用户，酒类消费的"她力量"已经不容忽视。

　　2021年妇女节前夕，1919发布了《1919女性用户购酒大数据》。报告指出，一直以来，男性都是酒类消费市场的主力军，然而这一局势在近几年发生了变化。数据显示，在平台用户数量上，女性用户占比逐年递增，自2017年到2021年，女性用户占比从4.79%增长至19.02%，用户数年均增幅64.48%。以往男性消费者在酒类消费领域相对于女性消费者"碾压式"的占比优势正在逐渐弱化。"她力量"持续发力，在酒类市场中的消费能力日益凸显。许多手握家庭经济大权的女性，在酒类消费市场上更显活力。

　　报告指出，2020年女性在购酒时毫不手软，出手"豪横"，一点也不逊色于男性。女性用户年龄中"80后""90后"占比最大，这两类人群对酒类消费表现出极大的热情，成为不可忽视的实力"金主"。"60后""70后"部分女性仍然对酒类产品保持着喜爱，有着相对固定的支出。"00后"女性用户占比虽小，但从长远来看，她们是酒类消费市场的后备军，且"00后"对时尚、潮流的追求和新颖的消费理念，也将会成为影响酒类品牌创新和新品牌新品类崛起的重要因素。

这一趋势在由第一财经商业数据中心发布的《2020年年轻人群酒水消费洞察报告》中也得到印证，年轻女性力量在酒水购买中持续发力，在"90后"这个群体当中，女性酒类消费人数和消费人数增速皆超过男性，"女性消费者"已经占据"90后"饮酒群体的半壁江山。

综合以上报告数据，郎酒可以开拓一些女性产品，扩大酒的种类，做一些适合女性、女性也喜欢的白酒品种。在妇女节、母亲节等节令时期推广，恰如其分又很合时宜。

在做品牌推广的渠道方面，可以试着从硬广以外的渠道，例如抖音、微视等短视频平台，小红书和淘宝直播等女性热衷的种草平台，进行符合平台属性方式的宣传。这样可以更广泛地接触到女性消费者，也能因平台属性增加用户黏性。

在造型、酒体的设计方面，可以试着与女性品牌进行跨界合作，让郎酒成为男士送给女朋友、妻子、母亲的上佳礼品。

在品牌slogan①的设置方面，通过大量推广及塑造经典广告语，让消费者形成"送礼只送脑白金"这类的条件反射，同时也解决了许多消费者过节过生日"不知道送啥"，特别是"不知道送女朋友什么礼物"的大难题。

中国郎注疏

服务赋能　价值共生

全国妇联原副主席谭琳曾做了关于"中国发展变革中不断增长的

①slogan：标语、口号或广告语。

'她力量'"的演讲，用女性在政治、经济、社会、法律等方面的 8 组数据说明女性是中国发展变革中不可忽视的"她力量"，这种"她力量"是全方位的，源于国家、社会的多方发挥的积极力量。

2021 年 11 月，在世界顶尖科学家"她"论坛上，95 岁的中科院院士、中国首个女天文台台长叶叔华，全英文演讲鼓励女性打破"玻璃天花板"，鼓励让社会听到女性的声音，看到女性的力量。

不难看出，女性力量和社会发展是相辅相成的，女性坚韧、善良、勤奋、包容、专注，同样能为社会、经济带来更多发展与美好。

就在 2021 年 9 月 4 日，郎酒三品战略下的消费者追求——以"极致服务、创造价值、赋能发展、相融共生"为主旨的郎酒庄园会员中心正式亮牌。致力于为用户提供极致服务与体验，创造满意、感动和惊喜；依托于顶级专家学者输出洞见与智慧，赋能企业家持续成功；通过交流、互动、鉴赏，链接与创造价值，最终实现品牌与用户的共同生长、彼此成就卓越与美好。

依托 10 平方公里的郎酒庄园，将生产端与男女消费者端紧密联结，为男女消费者搭建一个极致服务、创造价值、赋能发展、相融共生的交流平台。这是基于郎酒品质追求，践行郎酒消费者追求的创造性实践；这是郎酒三品战略下对消费者追求的进一步推动。

未来，郎酒将持续以品质为触点、以品牌为触点、以品味为触点，以郎酒庄园会员中心为依托，持续与消费者互动，用系统更流畅、功能更丰富、体验更人性化的价值社交平台，为消费者带来更好的用户体验。

共创美好，共享美好。郎酒始终致力为有价值的伙伴创造更大的价值，无论地域，更无论性别。

期待广大女性消费者亲身造访！

17

重塑年轻化

湖北　李忠云

　　白酒年轻人的市场之大，也是需要去关注、且可以充分挖掘的。

　　由腾讯营销洞察（TMI[①]）重磅发布的《数字社交圈里的白酒"新"消费——腾讯2021白酒行业数字营销洞察白皮书》显示，根据数据分析，白酒6类典型消费者画像脱颖而出，其中一类便是"新入圈年轻人"，该类人群主要以"90后"为主，学生、普通白领居多，平均年龄24岁，主要来自一线/新一线及二三线城市。

　　报告指出，他们购买白酒主要用于长辈共饮、投资、送礼等，热门话题、联合推广、影视综艺广告推荐等途径会促进其购买决策。他们活跃于朋友圈、微博、QQ、小程序等线上社交渠道，看重沟通内容的独特性，并乐于分享，平均分享渠道为2.5个，在购买时偏好一键直链的快购买方式。针对这一类型消费者，郎酒可以为新入圈年轻人打造关怀懂我的"酒圈子"。

　　除了在营销渠道和形式方面可以针对年轻人出台对应的策略以外，在产品层面，郎酒在推出生肖酒、年份酒之后，也可以试着通过勾调推出一些年轻化的果味酒，并打造一个全新的年轻化的品牌，

---

①TMI：全称 Tencent Marketing Insight。

正式打入年轻人的群体中。

在品牌名称的设置上也要年轻化，充分体现朝气蓬勃、斗志昂扬的青春气息，为初入职场的毕业生们加油打气，为其提供奋斗的动力以及方向的指引。

在酒瓶设计方面，可以多多融入年轻艺术相关元素，在简洁时尚大气的基础上又不失"90后"的个性特色。

最后，在品牌推广方面，也要环环相扣，时刻融入年轻元素。不论是直击年轻人痛点、痒点、泪点的广告文案，还是抖音、微博、豆瓣、小红书、B站等推广平台，都要从年轻用户的角度出发，深度剖析用户需求。在跨界营销方面，郎酒可以通过与潮牌的合作，举办一些大型酒吧、KTV或者音乐节的线下活动，可以很好地增加用户黏性。让郎酒在年轻人心目中也有一个独具特色、代表年轻人的代言产品。

如此，在拓宽郎酒市场的同时，也增加了郎酒的受众面。从年轻的时候就抓住的用户，老了也不会离手，因为这就是时光的味道。

中国郎注疏

革命与重树

如何适应年轻化消费场景，是整个白酒行业都需要去考虑的问题。郎酒非常注重扩散在年轻人中的影响力，这对企业未来的发展至关重要。

曾有媒体如此形容郎酒：一向以快速调整著称的郎酒时刻都觉

得发展动力"不够劲",而作为善于在酒业丛林穿越的"冒险家",似乎也只有不停地奔跑、不停地革命、不停地重树,才能尽显郎的本色。革命与重树,也是这份坚忍的思想,让郎酒在酱酒造富神话眼热当下,变得冷静而睿智。

这份评价,正是郎酒数年发展的概括。

面临不同发展阶段,郎酒都勇于对现状提出革命与重树,实事求是,不断调整适应市场的产品、销售、用人和薪资体系,不断废除不利于企业经营的管理制度,让管理为经营服务,创造价值。旨在促使全体员工,深刻领悟、统一思想、纯洁认识、主动调整、敢于担当、积极作为。

依托革命与重树,郎酒加速了业内外对白酒颜值、定义、表达的重新思考和探索。面对新时代消费者崛起,年轻人逐渐成为国内消费市场的主力军。郎酒从不刻意迎合互联网时代年轻化的个性情感表达,而是持续聚焦品质,聚焦品牌,聚焦品味,以一条无可复制的发展之路,依托"时间"传递品牌优势与新声,与白酒未来的年轻化趋势悄然衔接。

聚焦品质。产能、储能建设之路就是品质坚守之路。郎酒坚持扩产、储酒 20 年,未来,将实现 5.5 万吨酱酒年产能,30 万吨优质酱酒储能。

聚焦品牌。2011 年,郎酒对产品进行大规模的整合,从过去的伸开五指向握成拳头,向集约式品牌路线发展;2017 年,郎酒全面升级品牌战略,通过全新战略定位重塑产品价值,高空与地面的完美结合使得营与销富有成效;而近些年,郎酒不断加强社会化营销,抖音、微博、B 站、腾讯视频等推广平台活动四起,"我在郎酒庄园等你""喝郎牌特曲抽金条",抖音话题均获

20 亿 + 人次参与。

聚焦品味。2020 年，规划建设 12 年的郎酒庄园面世，建立起行业瞩目的郎酒庄园，并以郎酒庄园为事业原点、根基和舞台，推进"品质、品牌、品味"极致化战略，推进"生产、销售、体验"三环赋能。

跳出传统思维，争做一流产品，不断给行业带来惊艳的年轻化尝试，郎酒正以"品质、品牌、品味"、"山水与人文"倾力打造新的白酒符号。

中国郎·山谷光影秀

18

庄园战略轴

湖北　邓兵兵

2021 年 3 月 19 日，郎酒正式将青花郎品牌定位升级为"赤水河左岸　庄园酱酒"。庄园酱酒的概念确实让人惊艳，也打开了中国白酒行业发展的新思路新方向。郎酒再一次发挥了自身的创造性与独特性，引领了中国白酒文化质的进步。

庄园，在中国自古就有，中国古代庄园包括有住所、园林和农田的建筑组群，其内涵经中国文化孕育千年，再经欧美发酵，如今，由郎酒赋予其全新的含义，确实是点睛之笔，对于中国白酒行业而言，可谓影响深远，意义重大。

但是，想要真正理解庄园，用好庄园，发扬庄园，让郎酒与庄园一起成为中国酒界的明珠、文化的瑰宝、世界的典范，仍然有许多的工作需要去思考，去完善。

首先，要深刻理解庄园的内涵。郎酒庄园不仅是一群建筑、一处旅游胜地，还是文化的表征、精神的寄托、高贵的象征。为了打造世界最具特色的酱香酒庄园，一定要在庄园的建设和传播方面时刻凸显郎酒的文化和精神，将郎酒品质主义贯穿于"生长养藏"的生产全脉络，将郎酒品牌元素融入庄园的角角落落，将郎酒品味体现在庄园的整体呈现上，进而升华成中国白酒的文化和精神。

其次，要充分做好庄园的宣传工作。庄园集白酒、旅游等产业于一体，做好宣传无疑很有必要。它不仅是郎酒的基地，也是所有热爱郎酒的消费者的圣地。郎酒要充分运用各种宣传手段、渠道和形式，让更多的人知道庄园、熟悉庄园、热爱庄园，使其成为郎酒最忠诚的伙伴。

最后，要发扬新时代的郎酒庄园精神和品质、品牌、品味的三品战略。庄园是一种传承，历久弥香，代表着优良的品质、高端的形象和悠久的历史，新时代的庄园精神除了要充分继承这些以外，更要结合人民对美好生活的向往，以及经济社会的发展变化，主动求变，创新升级，让郎酒给社会、给消费者们带来更加美好的享受。

中国郎注疏

一条战略　几条有效战术

如果把企业比作一艘帆船，那么战略就是目标，战术则是达到目标所应采取的方法方式；而对于没有目标的帆船来说，汪洋中的任何风都会是逆风。

战略是一个极其复杂的系统工程，不仅仅是一个简单的目标，更不是一句响亮的口号，郎酒深谙此道。汪俊林董事长就此曾分享：战略是锤子，战术是钉子。

郎酒发展历程中的第一个坚守是"聚焦"，聚焦市场痛点猛击突破。郎酒的第二个坚守是"品质"，围绕品质这一企业运行的根本律令，郎酒坚守传统工艺，投入科研力量，制定三品战略，建造白酒庄园，一切以酿好酒为根本，提供让消费者喜爱的产品。

近些年，郎酒的长期战略已经取得了阶段性的成果。例如，建成 10 平方公里的世界级庄园，科学串联起五大生态酿酒区、四种形态的储酒区、专属个性化定制极致庄园酒的商务系统……用最优质的生产、储存体系，倾力建设郎酒庄园，一切只为酿好酒。

中国酿酒工业协会荣誉理事长王廷才先生曾如此评价："郎酒庄园既是年产 4 万吨酱酒、储存 15 万吨老酒的'展示窗'，也是一年可接待 10 万人次以上的'会客堂'，又是购买品鉴洞藏陈酿庄园酱酒的'热力场'。"

随着庄园各个板块的建设工作相继推进，郎酒还确定了"快生产、快储存、慢销售"的产售原则。其中，针对青花郎更是有"基酒不储满 7 年不卖"的铁令，以此推动其品质提升。

太阳光普照大地，激光很细，却可以穿透钢板。品质是郎酒的根和魂。郎酒正心正德，敬畏自然，崇尚科学，酿好酒，聚焦品质、品牌、品味，像激光一样，在一点上持续发力，才能迎来从 2002 年的 3 亿销售额到 2011 年 100 亿销售额的巨大飞跃。

19

十倍与百倍

四川 杨鹏

郎酒数年如一日追求极致品质之路走得坚定而出彩。

此前，有媒体报道过，郎酒集团董事长汪俊林曾公开表示，郎酒上市不会刻意为之，而是会顺其自然。从这一点就能体现出郎酒一心"酿好酒"的初衷和对"正心正德"的坚守。郎酒的发展，最终目的并非上市，而是真正地酿出好的郎酒。

一直以来，郎酒都在追求品质、品牌、品味"三品战略"，甚至每年不惜血本奖励为品质、品牌、品味做出突出贡献的个人和团队，这些都是郎酒粉丝们和社会各界有目共睹的。

但我想说的是，追求品质从另一个层面上来讲也是一种加快上市步伐的途径，一个企业只有拥有了真正的实力，才能有上市的资本，才能在资本市场站住脚，根基稳。所以，郎酒多年来对品质的追求反而会因为好酒的基因、品质的保证，助其在上市之后，获得更多的社会信任和市场认可，以及消费者的拥护，从而走得更稳更远。

此外，上市也是对公司品牌形象的一个巨大提升。郎酒上市以后能够获得更大的市场曝光度，提高郎酒的市场占有率，从而提升郎酒在白酒行业内的地位，最终达到促进产品质量与形象的螺旋式双提升的效果，为郎酒未来持续性的长足发展插上翅膀。

从外部因素来看，目前，白酒行业"一超多强"的局面正在加速形成，"多强"之间的竞争愈发激烈，没有资本支撑就会面临被甩开甚至被"大鱼"挤死或者吃掉的风险。当前酱香型白酒的增长速度明显高于其他香型的白酒，风头正盛。郎酒应充分运用资本市场的力量，融资扩大生产规模，拓宽销售渠道，不仅是抓住当下机遇，也是应对日趋激烈的竞争，早日从"多强"阵营中脱颖而出，企稳中国白酒排头兵位置。

中国郎注疏

十倍执行　百倍坚持

如果说"一条战略　几条有效战术"是郎酒的工作准则，那么"十倍执行　百倍坚持"就是郎酒的工作标准。

汪俊林董事长曾在第二届中国知名商学院四川校友发展峰会上分享："郎酒的经营思路是一条战略、几条有效战术，十倍执行、百倍坚持。"

根据这一思路，郎酒紧紧围绕"正心正德，敬畏自然，崇尚科学，酿好酒"这一核心理念，坚实依托二郎、泸州两大产区，践行郎酒的"三生万物"：

以品质追求、长期追求、消费者追求为三大追求，统领全局工作，壮大郎酒事业；

以品质战略、品牌战略、品味战略为三大战略，一切只为酿好酒；

以快生产、快储存、慢销售为三大举措，严格遵循"一慢两快"的产售原则，最终实现酿好酒，存新酒，卖老酒，为消费者的美好生活服务；

以扶好商、树大商、厂商共赢为三商原则，用三年时间调整好商家结构，稳定、扶持一批大商、好商，确保产品价格稳定，增加商家盈利水平，让商家规模做大，利润丰厚；

以庄园的味道、郎酒人的信仰、中国郎的气度为郎酒的三味，把美好生活与快乐、艺术、信仰酿进酒里；

最终实现"在白酒行业具有重要地位；与茅台各具特色、共同做大高端酱酒、兼香型成为大众喜爱产品；郎酒庄园成为世界一流庄园、白酒爱好者圣地"这三大目标。

由此可见，郎酒已走出了一条行业独具、不可复制的发展之路。

汪俊林董事长提出要将极致品质基因注入郎酒人血液

神采飞扬中国郎

20

酱酒庄园级

四川　王良鹏

有幸去郎酒庄园参加过一次活动，享受到了郎酒庄园天宝洞休闲度假酒店超五星的体验，同时彻底刷新了我对白酒企业的看法。基于郎酒庄园目前所取得的成功，结合我本人此行的感受和体验，我向郎酒提出我的想法和建议。

首先，郎酒应该充分利用郎酒庄园这个平台。毕竟目前全国没有第二家白酒庄园，这种独特性就值得被推广、被认可。郎酒庄园可以邀约更多的消费者、经销商等，亲自来到郎酒庄园，前来体验和感受整个庄园的精妙的建设和惬意的氛围，旨在让更多的人能够在漫山的酒香中充分感受白酒文化，并且深切体验并读懂郎酒建设这座目前全国独一无二的白酒庄园的意义。

在邀约消费者和经销商前来体验参观庄园的过程中，还可以适当增加一些符合郎酒庄园品牌定位的互动活动、小游戏或者直播环节等。这样可以使前来参观的人有更强的参与感和主观能动性，如此他们才会在离开庄园以后，向身边的家人、朋友们主动介绍庄园、介绍郎酒，从而达到裂变式传播的效果。

同时，也可以利用线下活动邀约的消费者、经销商建立相关的社群，并有组织有计划地进行社群传播，充分维护好这一波深度用户和私域流量，再通过口口相传和线上活动拉新的方式，拓展更多的私域流量，让更多的人通过社群来了解我们的郎酒和郎酒庄园。

作为中国第一个白酒酒庄，郎酒在中国是当之无愧的"第一人"。没有先例可循，没有经验可借，前路如何走，全靠郎酒自己探索和创造。因此，郎酒不仅要让郎酒庄园在中国有话语权，还要与世界对话，为中国在世界酒庄中占据一席之地。如此，方能成为行业的学习标杆，助推白酒行业积极向好发展。

中国郎注疏

白酒爱好者的向往之地

把郎酒庄园打造成世界一流酒庄，白酒爱好者的向往之地，是郎酒未来要实现的三大目标之一。

拉菲、罗曼尼康帝、人头马等大众熟知的世界名酒，全都依傍世界顶级产区建有酒庄。在历史人文韵味的基础上，加入了工业化生产技术，一方面可以确保产量和品质，另一方面，也吸引着来自全球各地的美酒爱好者，来享受沉浸式的美酒体验。白酒拥有更悠久的历史和文化底蕴，却还未出落一座世界级的庄园。

事实上，中国的庄园经济在春秋战国时代就已盛行，但因白酒过去主要以小作坊生产，风味千差万别，无法形成统一市场。如今技术和市场的阻碍已消失，依托着赤水河流域的酱酒黄金产区，坐拥着上天恩赐的独一无二的储酒溶洞群，几代郎酒人的匠心加持，郎酒可谓占尽天时地利人和，也因此成就了郎酒庄园工程。

作为中国史上第一座提出了对标世界级水平的白酒庄园，郎酒庄园不仅将高端酱酒"生长养藏"的酿造脉络贯穿其中，建有酿酒区、养酒区与洞藏区等艺术建筑群，更将消费者体验感作为其中重要考量的因素。这绵延十公里的郎酒庄园内，休闲度假酒店、私人订制储酒溶洞、品酒中心、观光景点应有尽有。

庄园的硬件设施逐渐完善后，为了让消费者有沉浸式的感受经历，依托山势打造了山谷光影秀表演、结合潮流文化开设了纬地广场夜宴等环节，让这座集"生产、销售、体验"于一体的庄园，进一步打通与消费者交融互动。

2020 年 5 月，天宝洞休闲度假酒店正式揭幕迎宾后，郎酒庄园已经累计接待了十五万人次到访，包括来自五湖四海的郎酒会员、普通消费者、经销商；来自清华商学院、长江商学院、中企会俱乐部等团体的商界精英团体；来自《最强大脑》《中国好声音》《金牌喜剧班》等综艺舞台的明星艺人嘉宾；以及阿来、徐则臣、欧阳江河等来自艺术文化界的诗人、作家……

来到庄园的客人虽然所在领域不同，但却有一点相通——都是白酒、白酒文化的爱好者，如江南春、姚劲波等商界名流，到庄园封坛珍藏美酒；而苏童、贾平凹、阿来等文学名家，也留下了一番游览感受后，有感于佳酿山水，为之著作名篇的妙谈。

郎酒庄园，是大自然厚爱郎酒的礼物，是郎酒"生长养藏"的具体体现，是郎酒所有品牌故事的原点，是消费者、白酒爱好者的家园。2021 年 9 月，首届郎酒庄园会员节上，郎酒庄园会员中心正式启用，用于郎酒会员朋友的交流，这个平台将生产端与消费者端紧密联结，也成为万千郎酒会员的"家"。以这座庄园为承载，白酒爱好者所向往的极致产品、极致体验、美好生活与快乐、艺术与匠心的融合，郎酒正在一一实现。

21

品牌裂变

四川　李润虹

郎酒作为四川"六朵金花"之一，有着良好的口碑和市场，但对比某些酒企来看，郎酒在年轻化表达上，还需更进一步的发展。

互联网飞速发展的时代，带来了机遇的同时，也迎来了新的挑战。据《2021白酒行业数字营销洞察白皮书》显示，随着互联网科技和数字化工具的崛起，具有悠久历史的白酒也迎来了更为丰富和多元的使用场景变化。随着整体消费的升级，白酒市场也呈现升级态势，消费意识的提升和社交圈层的影响是消费升级的主要推力。

互联网时代要求我们的企业必须直面消费者，把重视用户的口碑放在第一位。如今，碎片化的信息占据了绝大多数人的业余时间，人们获取信息的首要渠道也从户外广告、电视媒体转换到了移动终端。因此，郎酒也应当重视这个端口，利用好互联网。

《2021白酒行业数字营销洞察白皮书》数据显示，线上渠道已成为消费者了解白酒信息的重要途径，其中，线上社交圈渗透率高达96%。丰富的内容、互动强以及方便快捷则是打动消费者高频应用线上社交圈的主要原因。

此外，在转化上，线上社交圈能有效激发消费者的购买兴趣，同时也引发社交强裂变，对圈层产生辐射影响。

在交易方面，线上社交圈有助促进实现线上的购买转化，尤其在次高端、超高端的交易影响上。

要想塑造口碑，郎酒应该尝试更多年轻化的表达，与消费者达成双向沟通，进而反向推动郎酒建设发展。

郎酒在进行数字化营销各环节时，应深入研究白酒行业在触达和沟通消费者方面的痛点，然后逐一击破，以便构建顺畅高效的营销、交易闭环体系。

中国郎注疏

品牌战略

品牌是企业经营沉淀而来的符号，它代表着企业发展历史、产品风格与品质、精神内核、价值观导向等元素的集合。正因此，集合了酱酒酿造"生长养藏"、销售、消费者体验的郎酒庄园，恰恰也承载了郎酒过去及未来的品牌故事，成为郎酒品牌及文化呈现的综合体。

2021 年 6 月 22 日，世界品牌实验室发布了"2021 年中国 500 最具价值品牌"，郎酒以 1216.85 亿元的品牌价值荣登最具价值品牌第 53 位，连续 13 年居白酒行业第三位。

世界品牌实验室认为，郎酒作为中国白酒优秀品牌的代表，一直以来，在品牌塑造和精准传播方面颇具战略眼光和布局。郎酒坚持"品质、品牌、品味"三品战略，并且以时代使命为己任，在发展中确保"社会效益"和"经济效益"相统一，由此获得了行业内外高度评价。

郎酒一直相信品牌的力量，郎酒庄园是郎酒品牌故事的原点和核心，郎酒始终坚持品牌建设、品牌驱动、品牌赋能。

以郎酒庄园为载体依托，郎酒的品牌建设从线上延伸到线下的体验和交流。从 2020 年 5 月郎酒庄园内的天宝洞休闲度假酒店正式启幕迎客以来，已经接待了来自全国各地不同地区的郎酒爱好者约 15 万人次，包括郎酒的消费者、经销商伙伴、各商学院的商业精英人群、影视娱乐和文艺文化甚至时尚界的嘉宾。

为何说郎酒庄园可作为品牌的载体？庄园的建设依托赤水河畔的自然地势，依托于郎酒庄园作为郎酒酱酒生产基地的属性而成。其中，"生长养藏"的酿造体系全部隐藏在这座绵延 10 公里的庄园规划内，郎酒人的艺术与匠心也呈现在每一片建筑砖瓦中。很多去过的人由此感慨，郎酒庄园，除非亲临，无法言说。

群山掩映中丹霞之貌、赤水河畔飘出的酒香加载，新浪十大经济人物的启动和复评会也在此举办，中企会俱乐部邀请马蔚华、周其仁等学者大家的《中国品牌之路主题论坛》讨论在此成行，如果说郎酒庄园惊艳了来访者，那么这众多顶级洞见和观点的碰撞，也惊艳了深山中这座庄园，赋予了其"顶级朋友圈"的大众印象。

同时，郎酒庄园也在两年的时间内两次作为《中国好声音》分会场亮相，分别迎接了导师谢霆锋及他的战队学员，李克勤和张碧晨导师带领的好声音学员团队。舞台追光与山色交融，酒香就与前沿时尚的综艺潮流交融，不仅惊艳了在场的明星导师与学员，更惊艳了线上和屏幕前的亿万观众。

世界品牌实验室副主任威廉·蒙代尔总结道："通过实施可持续发展措施以获得长期回报，企业可以保持领先优势，并产生更好的品牌知名度。"以郎酒庄园为核心和原点，也是通过郎酒庄园，更好地去展示出关于郎酒历史、文化、理念、产品、追求的信息，以此通过线上、线下的不同方式，甚至是通过去做好品牌建设，以达到驱动和赋能目的。

《朗读者》节目组联合青花郎开展"人人都是朗读者"挑战赛

22

靠近消费者

海南　游冰鑫

中国白酒飘香千年，饮者无数，白酒品牌更是数不胜数。当前，网络新媒体发展速度极快，企业要想把品牌塑造好，除了掌握核心科技、把控品质外，对外也要构建好自己的发声平台。

对郎酒而言，私以为可以结合最新的媒体表达方式，输出优质、精美的内容，与消费者进行最高效的互动。

需要注意的是，新兴的语言表达，是很有必要也是必须要做的。例如金玉郎言这种活动，让众多消费者参与其中，讲述有关郎酒的故事并让消费者提出建议，为郎酒和消费者搭建了一个沟通平台，对郎酒表达品牌价值、传递文化具有积极推动作用，在未来的发展过程中，可以多多尝试。

系统地讲，新媒体营销可以从触达、沟通、转化和交易四个方面来进行。

在触达方面，要覆盖多元场景，最大化地增加品牌的曝光度，例如在新品发布、战略升级、重大节庆日等时机，注重宣传。郎酒需要建立自己的"新闻日历"，提前标注品宣节点，提前介入提前规划。

在沟通方面，要因人而异地针对不同核心人群打造个性化内容，针对不同群体选择相应的跨界 IP，实现内容层面的深度合作，如此才能有效地激发用户兴趣，深度植入品牌理念和内容。例如 2020 年郎酒合作《中国好声音》就是一次成功的跨界营销，将好声音 IP 与郎酒 IP 紧密联结，并将其顺利延伸至郎酒庄园线下场景应用。

在转化方面，可以通过精准的平台和优化的算法，实现多元丰富的互动模式，以此来深度占领消费者心智，增加用户黏性，助力用户沉淀。

最后，在交易方面，通过直链的方式和丰富的辅助工具来提高交易的效率，减少跳转和中间操作环节，避免用户在繁杂的操作过程中流失，从而守好最后一步，提高终端的交易达成率。

中国郎注疏

向消费者靠近一点点

"没有人会刻意地去看广告，他们只关注自己关心的东西。而那些东西，有时候恰恰是广告。"美国知名广告人 Howard Luck Gossage 曾如是说，而这句话也恰如其分地反应了当下多种媒介传播时代下的真实情景。

品牌传播的目的，就是树立品牌形象，扩大传播范围，触达目标用户。传播形式多样、信息碎片化、消费者审美疲劳等一系列的问题，使得品牌传播越来越困难。

对郎酒而言，无论何种形式的品牌传播，郎酒始终坚持以消费者为中心，触达有需求的用户，向消费者再靠近一点点。

围绕消费者为核心，郎酒开展了一系列立足于消费者的品牌互动活动，并屡获佳绩。

2020 年 2 月，郎酒首个消费者线上上线，广邀网友云组酒局，特殊时期宅家把酒言欢，游戏共吸引计 200.6 万人次参与；多场征集大赛如火如荼上线，郎酒庄园（云上）三品节——金玉郎言大征集获 4 亿阅读，共征集 5.2 万条留言；郎酒首届海报云设计大赛、2020 郎酒首届藏头诗大赛、郎酒庄园对联征集大赛、拍摄身边的郎酒广告征集大赛等，均获上百万点赞及投票；各类挑战赛热火朝天，顺品郎"说出正宗味儿"抖音方言挑战赛，活动收官总播放量 6 亿，位列全国区域挑战赛第一；"我在郎酒庄园等你"抖音极速 Rap 挑战赛，视频播放量达 20.1 亿，吸引 17.5 万网友参与；"喝郎牌特曲抽金条"抖音极速 Rap 挑战赛，播放量近 21 亿；"重阳里的郎酒"获近 4 亿阅读；"人人都是朗读者"视频挑战赛已突破 2.2 亿播放。

同时，为升级会员运营体系及与郎酒粉丝的互动平台，2020 年 8 月，郎酒 PLUS 重磅上线，郎酒会员可实时通过线上互动与郎酒联动。上线一周年之际，郎酒 PLUS 已产生郎酒滴积分 18.75 亿，兑换礼品 215458 件。

在 2021 年泸州酒博会上，郎酒 PLUS 首次亮相数字白酒展馆，一改传统展厅模式，搭起郎酒 PLUS 互动桥梁，建立专属互动区，以"产品展示＋奖品交互""现场品鉴＋游戏互动"的多元展示，带给酒友们沉浸式体验。

与用户连接、会员化体系、互动式活动、内容和故事、触达与关怀、个性化服务，郎酒始终向消费者再靠近一点点。

相 信 第二章

因为看见　所以相信

酒之美好

从落种生根到开花结果

所费岂止万千热血廿载苦工

一份痴心的专注

一生执着的坚守

世代传承的践诺之行

才换来消费者积水成渊、稳如磐石的

认可与信赖

23

竞合迸发新思维

绿地集团董事长　张玉良

　　昨晚到达郎酒庄园，因为行程时间长，一路颠簸略感辛苦。但到了这里以后，疲惫顿时抛到脑后，整个郎酒庄园犹如世外桃源，眼前之景让人兴奋，让人激动，让人震撼！

　　借着庄园美好的夜色，昨晚我和很多媒体大佬、专业人士交流洽谈，收获颇丰。一边交流，一边酌饮几杯郎酒，更是迸发了思维的火花。

　　一杯好酒能激发并加速思维的运转，碰撞出更多的想法与心得，这是为何？

　　真正好的酒，喝到恰到好处，血管微扩张，血流加速，供血充足，大脑兴奋活跃起来，各种平时想不到的新奇想法、独特观点也就接踵而至。昨夜的酒，加上昨夜的朋友，喝得恰到好处，聊到尽兴尽欢，也学习到更多新的思想。

　　在我心里，对郎酒充满崇敬之情。英格兰的威士忌售价四千多一瓶；日本的清酒高达几万，日本的威士忌价格也有三四千；我们国家的白酒只卖一千多。说茅台卖贵了，其实茅台也不贵，人到了一定的阶段、境界，酒就是一个离不开的老朋友，是可以诉衷肠的，是非常必要的。

人生如酒，酒似人生，酒和人生高度关联。你出生的时候，父母为了迎接你的到来，举行一个具有仪式感的庆生，要上酒；人逢喜事精神爽，朋友聚会相庆，要上酒；亲友离别远行，思念绵长，举杯饯行，要上酒……这次来到郎酒庄园，到了郎酒"生长养藏"的地方，来见证一瓶郎酒是怎样"炼"成的，我很感兴趣，同时，也看到了郎酒企业发展的道路征程，值得我们学习和借鉴。

有缘千里来相会，郎酒庄园是个大平台，我在这里除了结识好酒，还结识了各位媒体行业的领军人物。中国媒体人有大智慧，通过四通八达的渠道掌握大量的信息。在当今这个信息爆炸的时代，离不开信息源和信息传递，信息已经变成各行各业社会生产的重要资源。传媒人拥有大量的信息来源，并且用他们的智慧把信息源转化成新锐、独特、先锋的观点。这次我来到郎酒庄园，借着庄园的好山、好水、好酒，与中国传媒人深度交流，可以说是吸收养分，学有所获。

还有一重收获。这次，我们在郎酒庄园举办新浪财经经济年度峰会暨 2020 十大经济年度人物评选复评会，犹如汪俊林董事长所说，每年评出的这些企业家，给做企业的人一种温暖、一种鞭策、一个学习的方向。以郎酒为媒，我们汇聚这里洞察这一年市场、行业新风向，也为更多的企业树立一个前行标杆，这是一件很有意义的事情。

（根据绿地集团董事长张玉良在新浪财经经济年度峰会
暨 2020 十大经济年度人物评选复评会的发言整理）

竞　合

在中国传统文化的格局中，酒文化与诗文化互为一体，酒是物化的诗，诗为精神的酒。岑参在《凉州馆中与诸判官夜集》中写道："一生大笑能几回，斗酒相逢须醉倒。"意思是说，尘世纷繁复杂，人们来回奔忙，一生又有多少真正的快乐。好不容易朋友相会，就要放下负担，饮酒作乐，一醉方休。

把酒言欢，其乐融融间，不仅体现了我国浓厚的酒文化，更体现了我国传统文化中的"和合精神"——我国传统文化根植于农耕文明，重视自然的和谐，人与自然的和谐，人与社会的和谐，人与人之间的和谐以及人自身的身心和谐等。这从孔子所谓"礼之用，和为贵"与孟子所说的"天时不如地利，地利不如人和"中可见一斑。在中国古代思想家看来，天与人、天道与人道、天性与人性是相类相通的，因而达到和谐统一。

"竞合精神"，小到人情往来，大到企业精神，皆有体验。酒桌文化，讲究的是和谐、合作、宾主尽欢，而郎酒重视传统文化的传承发扬，在竞争激烈的商业社会中，也全力以赴参与行业"竞合"发展，为消费者提供更好更优质的产品与服务。

"竞合"是基于合作与竞争结合的良性经营战略，由商业竞争者合作受益的思想衍生而来。企业的经营活动必须进行竞争，也有合作，是一种合作竞争的新理念。它强调合作的重要性，有效克服了传统企业战略过分强调竞争的弊端，为企业战略管理理论研究注入了崭新的思想。

拿白酒行业来说，川黔板块拥有非凡价值：泸州、仁怀和宜宾拥有着中国白酒中最具综合实力的酒企，是中国名酒最重要的产区。四川盆地拥有上千年的酿酒史，酒文化博大精深，具有发展白酒的区位优势；以茅台为代表的黔酒拥有得天独厚的黔山秀水、别具一格的黔酒文化，传统精湛的酿制技艺。无论是在品牌、文化，还是生产技术上这两个区域的白酒在国际、国内均首屈一指，被行业认为是"最大的产业集群、最大的品牌集群，最好的'政策洼地'"。

对整个白酒产业未来发展来说，既需要龙头企业百花齐放，又需要核心产区名片塑造，随着行业大发展，企业间的"竞合"更为重要。"竞合"能使中国白酒市场越做越大，层次越做越高。

汪俊林董事长曾说："行业好是非常重要的。我们白酒行业就是在竞争中合作，相互提高品质、管理水平、营销能力，在这点上，我觉得白酒行业是走到了整个酒行业的前列。各美其美，美美与共，如果我们继续以"竞合"的态势，把品质和服务做得更好，我想洋酒是没法和白酒竞争的。我经常在想，谁是郎酒的竞争对手？其实，郎酒最大的竞争对手还是自己。"

君子和而不同。中华文化源远流长，历久弥新，其魅力就在于亘古不变的和合精神。和合者，方能"各美其美，美人之美，美美与共，天下大同"。在竞争中前行，在合作中共赢，郎酒，步履不停。

24

红花敬慈父

山西　王催

举箸沾酒初试味，面红耳赤母低笑。

转眼已近不惑时，双亲沧桑白发老。

如今再品儿时酒，心有戚戚意已高。

相信很多人第一次接触白酒，都是在家里的饭桌上。幼时，坐在父亲腿上，看着父亲以美酒佐餐，怡然自在。父亲是一名长途货运司机，为了生计走南闯北，开着重达几十吨的卡车四处奔波，但他从未酒后驾车。

当时高速路网还没那么发达，父亲曾有几年的时间都奔波在山西到四川的国道上，运送的正是红花郎。正是如此，我才有机会在过年的时候接触到红花郎，感受开瓶满屋醉人香。虽然在山西，本土品牌更有话语权，但因为父亲一直偏爱这个酒，所以红花郎于我而言，多了一份牵挂。现在一看红花郎，我脑中就记起父亲喝酒的模样。如今酒更醇，情更浓，我要再和父亲干一杯红花郎。

红花国色

相信对作者来说，品鉴红花郎，也是品味时光，品味与父亲的亲情。

品牌和人的成长一样，也须经历从出生到成长再到成熟，并在这个过程中，进入千家万户的生活，成为大众记忆的一部分。

1997版"郎酒·贮存十年"，开创年份老酒先河，出场即巅峰，红花郎便缘起于此。2003红花郎以经典山水图案包装首次面世，凭借雍容典雅的气质和醇厚净爽的口感，第一代红花郎一上市就受到了消费者的广泛喜爱，而作者的父亲就是其中一员。正是在他们的支持下，在2006年的酱酒热中，升级而来的第二代红花郎，才能一问世就被冠以酱香品类之正统的称号，甚至有业内人士表示，酱酒热始于红花郎。

为了不负市场期待，红花郎伴随郎酒庄园品质工程，不断迭代，持续升级。到2020年，第四代红花郎焕新上市，经典"山水画"设计回归，依循郎酒庄园串联起的"生长养藏"酿造体系，对酒体升级，贮存时间更长，品质更卓越！

"无论行业如何变化，郎酒有绝对的自信行稳致远。"郎酒股份公司总经理付饶在红花郎·红十（第四代）上市发布会上表态，郎酒自信来源于走的是一条和别人不一样的路，来源于删繁就简、慢心态对长期价值的精雕细琢。

红花国色，酱香典范。回归经典，也是回归本初，回到基础，回到品质。这也是郎酒打造庄园，打造极致品质、品牌、品味动力。

沉淀光阴

25

以酒寄思

北京通州　徐艳丽

余乃齐鲁平东人也。鲁地人嗜酒，常曰酒过三巡菜过五色，始知其味。又曰啤不如黄，黄不如洋，洋不如白，白不如黄口老儿藏酒卅载。

余阿翁亦好酒。然翁旧时拾荒为生，未得好酒，夙兴夜寐，常于日劳归家夜飧时饮粗醪驱乏，时曰，倘能饮美酒如茅郎者，死而称足。余幼时断乳，母不堪扰，遣余于阿翁阿婆处半载有余，阿翁常携余串巷走街遍收弃废，人弃我取，翁不以为耻，余亦欣然。且余尤爱城中童孩所弃绒毛玩物，阿翁遂见之则尽收之，阿婆为余浣而涤之，焕然一新，终堆之如山。余告阿翁，迨余弱冠后自食其禄，定寻好酒如郎者奉之，日夜伴翁浮一大白。翁婆哂之，翁谓吾孙孝悌，心甚悦。

后余归家，求学数载，登堂入室，京都供职，二十余载鲜承欢于翁婆膝下，肆意恣睢，总觉来日方长。一日，余母家电告余阿翁病笃，恐不久矣，余正夜惊坐，怨母何迟告之！置余不孝。母凄凄然："余不归家，翁婆惧扰余公事，终不告之……"余潸然泣下，风雪夜归家，推门夺入，阿翁病榻之上气若游丝，然见余神态忽矜气，强然下榻起足，携余拄杖行街，舍邻见之称康复。翌日，翁逝。

余与母婆哀恸动天。余灵前回首幼时翁携余行旅拾荒事，及余翁终老不得饮美醪如郎者，悔恨交加，不能自已，终知孝子欲养而亲不待，不如一竖子。

自此余始饮酒，尤爱集藏茅郎陈年佳酿。至今，余翁扶杖西行灵山添座十载有余，红郎青郎吾家已鳞栉于架，然余终不得伴阿翁浮一大白，盖以酒寄思，每逢年节西面，以郎飨翁于心。

中国郎注疏

品质追求

哀之，阿翁劳其一生终不得一尝美酒；慰之，孝悌之心甘醇绵久比琼浆犹甚；欣之，美酒如郎堪为汝与阿翁情结牵绊……

酿酒，很多人都会，酿造好酒，部分人耐下心来仍可坚持。美酒如郎，不同之处在于，把美好生活与快乐、艺术、匠心酿进酒里——这也是所有郎酒人共同努力的方向。

郎酒文化是品质文化，是极致文化，郎酒以"极致品质"统领全局工作。为酿一瓶好酒，郎酒独辟一座庄园，科学串连起郎酒"生长养藏"的酿贮流程，涵养郎酒的神奇风味，让美酒在时间洗礼下慢慢生长，老熟生香。以青花郎为代表的酱香型郎酒，基酒储存至少七年。七年里，每一滴酒里，都沁满了庄园的味道，郎酒人的匠心和中国郎的气度。

如此酿造出的美酒，香味至臻至纯又迷人，堪为美好生活的催化剂。在一杯一盏里，满足亲情友情爱情的升华蜕变，让消费者距离向往的美好生活更近一步。

26

对话杯中

四川成都　蒲因

　　我的父亲是一名消防武警，消防武警的工作具有特殊性，是一种高危职业，他们平时的执勤任务很繁重，要面临很多突发的灾难事故。中国有句俗话，"养兵千日，用兵一时"。对于消防部队，则是"养兵千日，用兵千日"。消防工作的特殊性，会让人高度紧张。小时候，父亲在紧张的工作之余，回到家就想静静地喝上一杯。他最喜欢喝的，就是产自我们四川的酱酒——郎酒。

　　看到他满脸享受地嘬一口，发出那种惬意的咂嘴声，仿佛世界尽在舌头，鱼贯下滑，暖入人心。父亲说，酒就是陪他冲锋驰骋的战友。那时候，国家的财政实力远不如现在，他们的待遇一般，而且市面上的物资也相对匮乏，纯粮酿造的郎酒售价并不便宜，用现在的话说，就是家里的条件没法实现"郎酒自由"。因此每次喝酒，特别是喝郎酒，父亲总是要省着点喝，也因此不会喝得太尽兴。

　　长大后，或许正是因为小时候对郎酒的印象深刻，我也开始喜欢上了喝郎酒，对郎酒也有了一些了解。郎酒是依时节而酿的自然产物，赤水河畔独有的温润气候，孕育出郎酒回味无穷的独特口感，一口香天下。慢慢地，我也找到了父亲当年咂嘴的那种感觉，在酒的香醇中品味人生的种种：父爱如山，沉稳含蓄无私；父爱如酒，甘醇融于时间。现在我也已完成了从儿子到父亲的身份转变，开始感同身受地理解父亲当年的责任。现在的我特别喜欢周末回家陪父亲喝几杯，那些生活的酸甜苦辣，说不出口的感激与感动，尽在与父亲的对饮之中：你是生活的凡人，却也是我眼中的超人。纵使光阴飞逝，唯有父爱永恒。

中国郎注疏

责　任

这是一个关于父爱的故事，也是一个关于责任的故事。责任，往往以坚守的姿态示人。莫大的责任，需要莫大的坚守。

酱香型美酒对酿造环境要求非常苛刻。根据酿酒专家的考证，从茅台到二郎镇短短 49 公里的赤水河谷，海拔 300—600 米的苛刻地段，才是中国酱酒的顶级酿造地段。

茅台和郎酒都曾做过实验，用同样的原料、同样的酿造工艺、同样的窖泥，在交通更为便捷的地方酿酒，结果出产的白酒品质远不如赤水河谷出产的。无论茅台或青花郎，都是不可移植、不可复制的。

因此，质朴的郎酒人世世代代坚守在这里，匠心精酿，历经赤水河谷的熏陶和洗礼，为世人奉献最纯正的酱香白酒。

用心酿好酒，坚守健康消费责任，就是坚守赤水河原生态产区。

一方水土养一方人，蜿蜒流淌的赤水河，陪伴了郎酒人的成长，锻造了青花郎的风骨。赤水河畔的郎酒人，世世代代保留着质朴、执着的个性，他们恪守古法，遵时而酿：一年为期，端午制曲、重阳下沙、两次投粮、九次蒸煮、八次发酵、七次取酒，顺天应时，一丝不苟。

用心酿好酒，坚守健康消费责任，就是坚守传统手工工艺。

郎酒酿造技艺是国家非物质文化遗产，酒品卓越，产量稀缺，很民族，很中国。郎酒人将以打造顶级国家品牌为目标，更好地融入国家蓬勃发展大潮，紧抓消费升级大趋势，坚守健康消费理念，锐意进取，埋头苦干，开创郎酒发展新篇章，满足人民美好品质生活需求，创造更大社会价值。

用心酿好酒，坚守健康消费责任，就是坚守企业价值观，打造大国品牌。

郎酒庄园位于赤水河左岸的酱酒黄金产区

27

佳人俊郎

四川成都　杨心璐

　　我不太会喝酒，即使步入职场也未在应酬中学会。一方面是因为家里教育女孩不能乱喝酒，尤其度数高的白酒。另一方面，在为数不多能闻到白酒味儿的场合，往往是一群男性长辈的饭局，觥筹交错间说着酒局辞令，大口喝酒，大口吃肉。说实话，那种热闹而略带江湖的气氛，不是自己理想中的饭局。

　　白酒，度数高，入口辣，烈酒的典型代表，似乎默认是专属男人的饮品，就适合那种情绪高涨，嗓门提高的氛围。而且有些酒，一听名字就很男性化，比如郎酒，大好儿郎，一听仿佛就能闻到一股充满男性荷尔蒙的豪气跟酒气。

　　直到认识了一位泸州的女同事，才让我对白酒有了新的看法。通常女性聚会，顶多喝点啤酒或红酒，她却自带一瓶郎酒，自斟自酌，樱桃小嘴微抿杯边，兴致盎然时一饮而尽，偶尔也会讲起家乡的故事。临末了，同事绯红的脸蛋衬着眉眼，笑盈盈地望着大家，我突然才发现，白酒被喝出了女人味。

　　说实话，我竟有几分羡慕那种微醺的状态。如果哪天郎酒推出一款情侣酒，叫"佳人"，或许不会喝酒的我，就能从此打开新世界呢！

奉献之心

郎酒股份的总工程师就是一位女性，她的名字叫蒋英丽。

蒋英丽作为当地的孩子，从小就闻着郎酒香长大。她17岁就进入酒厂，至今已有35年。

所谓的品酒师，在过去其实没有这一门专业，蒋英丽当年也是被师傅挑选出来的。酿酒行当相当严酷，对一个女孩而言更是如此，没有漫长的时间积累是不可能有所成就，但蒋英丽说："当初入门的感觉真的很好，就像一个宝库在我面前慢慢打开。"

蒋英丽还记得2002年与大家一起研发青花郎的过程。几十次、上百次的反复试验，漫长的时间考量，才成就了今时的庄园酱酒青花郎。"现在我们的团队，大家都能分辨出不同年份、不同时间的酒的区别。"酿酒大师，没那么神秘。蒋英丽只是恪守"一万小时"定律，所有成绩，都是流淌在舌尖上的时间。所谓的大师，不过是日复一日、年复一年的苦练和勤思。

如今，蒋英丽大师工作室拥有教授级高级工程师、高级工程师、高级技师等专业技术人才二十余人，涵盖制曲、酿造、品评、质量管理、化验检测、科研等版块，在行业内皆具丰富的实践经验和较强的专业技能，为保障郎酒品质提供了强有力的技术支撑。

正是代代郎酒人用精湛的技艺倾情奉献，长期、不惜代价地为郎酒的品质、品牌、品味提升而努力，才使得郎酒不断焕发时代的韵味与活力。

　　酿造白酒没有性别上的划分，品鉴白酒也有个人的喜好缘由，不必受刻板印象的限制。愿各位都能美酒盈樽，畅叙幽情，快然自足。

郎酒匠人是郎酒品质的坚守者

28

最美酱酒是清欢

四川成都　龚秦川

我是一名生活在成都的陕西人，自己要喝酒，父亲也爱喝一点。自从我参加工作以来，绝大多数时间都在四川生活，好在四川和陕西是相邻的两省，往来很方便。每年春节，按惯例我都要回陕西过年，川酒很出名，所以几乎每年都要给老爷子买两瓶带回家。

川酒有"六朵金花"，浓香占了绝大多数，所以我买的也是浓香居多。有一年，临时起意买了两瓶老包装的郎酒，没想到老爷子喝完之后赞不绝口，此后，带回家的年货里郎酒越来越多。

不得不说，老郎酒的品质很好，那次的"临时起意"，很大程度上改变了我的饮酒偏好。再往后，红花郎讨喜的名字和瓶型，渐渐成为我家喜宴的标配之一。遇上朋友相聚，小郎酒又往往是不二之选……不经意间，与郎酒的情愫越来越多，郎酒逐渐成了我酒圈的第一品牌。

酒的意义，在于它能温润我们的生活。人间烟火与清欢，都离不开美酒。现在，我家里尚存一瓶3.3升的青花郎，是朋友送的，据说品质很好。这几天我还一直想要找个好的由头把它给喝了呢！

酱香大战略

一次偶然的相遇，竟然发展成长久的情谊，这是多么美丽的意外啊！

事实上，这种相遇也是与消费者的"预谋邂逅"。为了得到消费者认可，郎酒早已做足了功夫。

茅台镇至二郎镇 49 公里的赤水河畔温热静风，酒菌活跃，是酱酒的发源地，也是中国优质酱酒的核心酿造区。

郎酒从这里取材，并且自 2008 年起，便在赤水河左岸开建郎酒庄园，为庄园酱酒"生长养藏"的酿造脉络提供实体依托，也让郎酒特有的酱香风味发挥到极致。

酱酒的生产需要时间和耐心，原酒的储存量是关键，目前郎酒酱酒基酒储存已达 15 万吨。未来，郎酒酱酒储量将突破 30 万吨。这是郎酒在高端酱酒市场竞争的底气。依托郎酒庄园，郎酒与赤水河对岸的茅台各具特色，共同做大高端酱香白酒市场。

郎酒的文化是品质文化，"正心正德，敬畏自然，崇尚科学，酿好酒"是郎酒的发展信念。正是郎酒对品质对信念的坚守，才能与消费者有了美丽的邂逅。

29

见"郎"如面

四川成都 刁志杰

我父亲爱喝酒,关于酒还有一个情深意重的故事。

自打记事以来,家中酒柜上一直珍藏着一个郎酒瓶,玉白色的酒瓶上系着崭新的红绸。这瓶酒早已喝完,酒瓶却一直没有扔掉,后来我才了解了其中的故事。

父亲是电子工业部第十研究所研究航天火箭的一名工程师,他有一位姓邢的好同事、好兄弟。1989 年,邢叔叔去西昌执行"长二捆"火箭的发射任务。临行前,邢叔叔带来了一瓶郎酒,与我父亲一起吃了饯行宴。酒过三巡,他们说着理想,聊着未来,谈论着科技与技术革新,但也许他们都不清楚这些聊天意味着什么。父亲聊起这事时,只是轻描淡写地说:"只记得酒没喝完,不胜酒力的两人就都醉了。"

再次听到邢叔叔的名字,已是永别了。邢叔叔发生事故,在西昌去世。

父亲听到消息的那一晚,什么都没和我们讲,只是一个人流着泪把那瓶郎酒给喝完了。

第二年,"长二捆"火箭顺利升空,邢叔叔却没能亲眼看到这一幕。

从此以后，那个空瓶就一直珍藏在酒柜里，父亲时常拿出来擦拭。这么多年过去了，酒瓶的标签已不在，红绸换了又换，但那个酒瓶依旧洁白无瑕，静静地躺在酒柜里，也深深地藏在父亲的心里。

这是一瓶郎酒的故事，也是父亲理想、情感的载体。在父辈的青春记忆里，一瓶酒的故事与意义，绝不在于单纯饮用。

我知道的是，这酒一喝，就是一生啊。

中国郎注疏

坚　守

这是一个关于友情的故事，也是一个关于坚守的故事。

郎酒也有自己的坚守。从 2002 年的 3 亿销售额，到 2019 年的 120 亿销售额，郎酒发展历程中的第一个坚守是"聚焦"，聚焦市场痛点猛击突破。郎酒的第二个坚守是"品质"，坚守传统工艺，投入科研力量，制定三品战略，一切以酿好酒为根本。

坚守的同时，郎酒从不因循守旧。面临不同发展阶段，郎酒都勇于对现状提出革命与重树，实事求是，创造价值。

对此，汪俊林董事长的诠释是：坚守、壮大、长跑。他相信，只有做到坚守信念，以长跑心态来经营，才能壮大郎酒事业。从最初发展至今，这种精神被郎酒人铭刻在心。

不同的个人、团体从事的事业当然不同，但支撑其日复一日、年复一年投身其中的坚守精神，却是殊途同归的。郎酒将继续坚守，让消费者在思念故人、亲朋欢聚、庆贺成功时，都有好酒相伴。

30

老酒足矣

四川成都　陈琦

我这个人爱喝酒，但未到嗜酒如痴的地步。为数不多的饮酒记忆里，与郎酒的故事占了一大部分。

第一次喝郎酒，是在朋友的婚礼上。那时我才知道，红花郎几乎是成都地区的婚宴专用酒，说实话，这也是我第一次真正接触、认识到酱香型白酒。后来陆续喝了郎酒旗下的其他高端酱酒，口感、味道令我惊艳，郎酒这个品牌就扎进了我内心深处。

印象最深的一次，是朋友乔迁之喜，他拿出 80 年代的郎酒宴客，外观是最老的那种包装，不知价格几何，但因年份久远，喝起来真叫一个舒服、惬意。

酒着实是太好喝了，我一不小心就贪杯了。可一夜过后，我的酒醒了，一点也没有宿醉感，反而倍感神清气爽，心旷神怡。我突然觉得自己这么多年的酒都白喝了，这才是好酒啊。于是，我立刻购置了一批郎酒存起来，等八年、十年后的重要时刻，再拿出来喝。到时候，这酒肯定香得不行，光是想想我都开心。

酒是陈的香　一年一个味

　　"酒是陈的香，一年一个味"，这不仅是一句俗语，同时也是极具科学性的总结。较长的储存周期能够通过挥发、缔合、氧化、酯化等物理、化学反应，有效降低酒体中的刺激性成分、纯化香味物质，除去燥辣感，使酒体变得更加绵柔、醇和、香气幽雅细腻。

　　对于酱香白酒而言，贮存是整个生产环节中最重要的一环，酱香郎酒历经生、长、养、藏，仿佛青涩的毛头小伙子经过岁月的磨砺变得成熟沉稳。整个过程是微观而复杂的。在酱香郎酒背后，是目前郎酒 15 万吨的优质酱酒储存，以及 4 万吨优质酱酒的强大产能。为了保证品质，郎酒实行"一慢两快"的品质战略，慢销售、快生产、快储存，充分保障了市场上青花郎的卓越品质。

　　酱香郎酒是大自然的恩赐，是时光的礼赞。郎酒对工艺、对品质的坚守，就是要让每一位消费者在品尝郎酒的时候，不仅是在品鉴一杯好酒，更要感受到它蕴含的文化、灵魂和生命。

31

勇 敢

四川成都　李冠霖

"一曲新词酒一杯，去年天气旧亭台。"

说起喝酒，在人生的不同阶段，有着不同况味。年轻时喝醉了像头野兽，满怀对世界的激情，想要去征服，去改变世界。正如我喜欢的当代诗人陈先发 2004 年在《青蝙蝠》一诗所写："那些年我们在胸口刺青龙，青蝙蝠／没日没夜地喝酒／到屠宰厂后门的江堤，看醉醺醺的落日／江水生了锈地浑浊，浩大，震动心灵／夕光一抹，像上了《锁麟囊》铿锵的油彩／去死吧，流水；去死吧，世界整肃的秩序／我们喝着，闹着，等下一个落日平静地降临。"

然而，这首诗的后半段却让人悲伤，一如我们进入中年后，被日复一日的世俗生活压垮了理想，喝酒也变成"举杯消愁愁更愁"的排解手段，徒劳而哀愁。

诗的后半段，陈先发写道："它平静地降临／在运矿石的铁驳船的后面，年复一年／眼睁睁看着我们垮了／我们开始谈到了结局：谁？第一个随它葬到江底／谁坚守到最后，孤零零地一个，在江堤上／屠宰厂的后门改做了前门／而我们赞颂流逝的词，再也不敢说出了／只默默地斟饮，看薄暮的蝙蝠翻飞／等着它把我们彻底地抹去。一个也不剩。"

人至中年，我也变成了陈先发诗中"默默啜饮"的人。每次喝醉，都哭得撕心裂肺："杯子碰在一起，都是梦碎的声音。"

后来，商海浮沉，失意之时，常常宿醉。妻子说不忍心看我哭得像个小孩，其实她知道我是向生活委屈地低下了头。

为了让我喝好点不伤身，也为了鼓励我，心情高兴一些，妻子在岳父的推荐下，给我买了一些郎牌特曲鉴赏12，她告诉我："这个酒不算便宜，但你是我们家的顶梁柱，你得打起精神来。小酌怡情最好，别喝太多伤身，在这个上有老下有小的年纪，保持身体健康才是全家最大的希望。"

从那以后，我再也没有喝醉过，每天晚餐小酌一杯郎牌特曲，是我这些年的习惯。谢谢妻子，谢谢郎牌特曲带给一个中年人的温暖。

中国郎注疏

让勇敢充满自己

有这样一句话："人生不如意的时候，是生活给的长假，这时候你就应该好好享受假期，当你休息好了，停够了，随时可以站起来。"

听了作者的故事，很为作者感到幸运，因为即便中年失意，仍有贴心人的照顾和体谅，这也许才是最大的财富。同时，也非常感谢作者和家人的信任，那些与作者相伴的日日夜夜，就是郎牌特曲存在的价值。

郎牌特曲作为郎酒的战略品牌，有着其独特的品牌差异化价值。口感上，郎牌特曲集单粮浓香、多粮浓香优势基因于一身，奢享郎酒庄园顶级陈年酱酒调味，最终形成窖香浓郁，陈香舒适，绵甜圆润，余味悠长的风格。度数上，郎牌特曲主推的是 38%*vol*、42%*vol*、50%*vol*，与传统的 39%*vol*、53%*vol* 形成了差异，以中度酒来吸引时尚、追求品质的消费群体，"让勇敢充满自己"的品牌主张与老百姓的精神和文化内涵异曲同工，成为老品类的新文化体现。

白酒品牌的发展历程与大众生活密不可分，郎酒万万不敢辜负消费者的信任。未来，郎牌特曲将继续夯实品质，为消费者带去更优质的体验。

郎牌特曲的品牌主张与老百姓的精神追求完美契合

32

赠君以优雅

四川成都　张洁荣

我第一次接触白酒，是在大学恩师的私宴上，老师给我倒了一小杯说道："老师家的酒一般，但足以壮胆！"借着那杯酒我来到了四川，从此一发不可收拾。

几年后，一次演讲大赛结束，指导教练为我们庆功。七拐八弯来到川音外一个老小区的私房菜馆，他神秘地掏出一瓶青花郎说："好酱香配好文章！"这是我与郎酒的第一次邂逅，第一口我就醉了。青花郎不是液体而是一口来自阿尔卑斯山的空气，从我的五官沁入我的肌理，回忆起仍观感如新，那是一种经岁月沉淀后，优雅的力量。

此后，我经历了婚姻起伏，一路得或失都有青花郎慰藉。而我也逐渐悟得，幸福是自己打造的，痛苦也是自己选择的，优雅的女人用通透而旷达的心境去看风景，得固欣喜，失亦从容。

在四川久了，我也更多地了解青花郎。酱酒的酿造既有科学的一面，也有传统的一面，但无论是微生物的发酵演化，还是神秘环境下的浪漫传承，酿酒工艺的独特技术是值得敬重的，找到一款文化品质兼修的好酒是人生一大乐事。

现在我遍寻四川好酒，不是为醉而是为白酒的那份优雅与醇厚。谢谢你，郎酒。

12987

　　生在赤水河，郎酒的酿造过程十分复杂而漫长：端午制曲，重阳下沙，12987核心工艺，以及"四高两长"的特点。此后，郎酒还要经过独特而漫长的"长养藏"储存老熟环节磨炼修行，反复锤炼，方能得道出关，这是郎酒庄园使酒质更好的独门秘籍。

　　经过"生长养藏"的独特酿储历程后，郎酒进入设计勾调阶段：历经酒体设计、原酒甄选、盘勾勾调，最后精选洞藏陈年老酒极致调味，这是郎酒精雕细琢、画龙点睛，形成独特风味密码的重要环节。

　　12987是指，1年的酿造周期，经历两次投粮，九次蒸煮，八次发酵，七次取酒。四高两长则是指，高温制曲、高温堆积、高温发酵、高温流酒，酿造周期长，贮存周期长。

　　美酒难得，酿好酒是一代又一代郎酒人的使命。没有最好，只有更好。郎酒人将坚守"正心正德，敬畏自然，崇尚科学，酿好酒"的理念，孜孜不倦地追求品质之美、品牌之美、品味之美。

33

父亲和酒

四川乐山　凌波丽

我很讨厌酒，尤其是白酒。

在童年的记忆里，一直都被父亲使唤着去路口给他打酒喝。在我年幼的记忆里，父亲整日都是醉醺醺的状态，这也成了父母吵架的导火线。每次吵架父亲都会离家暴走，很多次开心的聚会都因他不欢而散。平心而论，父亲对我是极好的，他从不吝啬对我的爱。也正因如此，随着年龄的增长，我才逐渐想去了解自己的父亲。

我的父亲，是个很有才华的人，也是一个悲观主义的文艺愤青。年轻时的父亲弹得一手好吉他，给母亲写过很多浪漫的情诗，帮姐姐写过竞选演讲稿，在我出生那刻即兴作诗一首纪念我来到这个世界。他舞得一手独特的书法，画很多让人摸不透的画，他习惯用手帕，每次自己清洗、晾干、叠得四四方方，揣在兜里……

当我开始了解我的父亲，也开始逐渐体谅我的父亲。

大学毕业后，我找到了第一份工作，第一笔工资我想给爱喝酒、却一辈子没喝过好酒的父亲送个礼物。过年的时候，我走进酒水超市，思来选去，挑了外观漂亮、品质口碑也不错的红花郎——我想用这种被家人都排斥的方式，让父亲知道还有人会理解他。

拿到我送的礼物，父亲眼神很诧异，混杂着欣喜，接着又多了一丝柔和和温暖。团年饭快散场的时候，父亲已经醉意阑珊。他握着红花郎的瓶子，借着酒劲儿反复吟着那句"有客怀金剑，无人识壮心"。我一直以为这首诗是他看到瓶子时的感叹，即兴作诗而已，后来才反应过来，他是在借这首诗讲他自己——有客怀金剑，无人识壮心。

如今，父亲已经走了快10年了。但他握着女儿给他买的红花郎念诗时的样子，他的眉眼神态、他的语气动作，一情一景，都清晰地刻在我的脑海里。自此，红花郎也成为我们家中团年的必备酒。看到酒瓶，想起父亲，他给的温暖好像一直都在，从未离开。

中国郎注疏

关爱之心

爱人者人恒爱之，敬人者人恒敬之。关爱无须多言，言行便是最好的表达。

2020年夏天，郎酒庄园天宝洞休闲度假酒店开业，郎酒1000余名基层员工作为酒店的第一批宾客入住酒店。郎酒庄园在阳光灿烂的日子里，四处洋溢的欢声笑语从未停歇。

来自二郎包装车间的陈敏参观郎酒庄园后，感慨道："我在包装岗位工作已有10年，但今天我被郎酒庄园的美景、美酒、基建、服务震撼到了。我们感受到了来自公司的关爱，我们一定努力，为郎酒的辉煌做贡献！"

曾赴广州打工的蒋朝琼，在得知家乡建起了华艺陶瓷后，便毅然决然地回来加入郎酒。虽不是第一次来到二郎镇，但这两年郎酒庄园天翻地覆的变化依然让她惊叹。

　　他们是来自一线流水线上的优秀员工，他们通过在各自平凡岗位上的艰苦付出，成为串联郎酒极致品质与消费者口中的极致品味两者间的关键一环，推动了郎酒三品战略的顺利实施。郎酒坚持以人为本，也始终将员工作为企业发展福利的先享群体，齐心协力，共建郎酒，共享郎酒，共赢郎酒。

郎酒传统工艺之上甑

34

青春见"正"

四川成都　陈蕙茹

说起郎酒，我就会想起一位大学同学。

上大学那会儿，来自天南海北的同学带来了各地的风土人情。一位来自泸州的同学，言必称郎酒。作为学生，我们大部分人没喝过白酒，也不懂这酒究竟哪里好，值得他兴高采烈，引以为傲。

毕业后，大家各奔东西，多年未见。辗转听闻，他回到家乡从基层干起，一步一个脚印当了乡干部。生活和泥土教给了他丰富的基层工作经验，他也用吃苦耐劳的精神为乡村振兴做出了贡献。

今年同学聚会，大家已不似当年青春的脸庞，各自都有了经历故事的风霜。古蔺的这位同学特意带来了郎酒，请班上的同学品尝家乡特产。三杯两盏过后，他的眼眶就红了。醉意朦胧中，他话题跳跃，忽而说起乡村基层工作的复杂艰辛，忽而说起看到家乡变化的欣喜骄傲，忽而说起冬季校园里的蜡梅香，忽而又提到了家乡古蔺的郎酒，眼神依旧放光，神色仍然骄傲。不知不觉，一瓶酒就见了底。

我忽生感慨，毕业这么多年，岁月改变了很多，大家归来早已不是少年，不过还好，我们有回忆，有故事，有甘苦与共的经历，可以下酒。

多年不见，老同学之间的情谊没变，单纯的心思情感依旧。我们曾经一起经历的四年岁月，那是我们一生中最美好的韶华，能一起走过，一起经历，是缘分，让我们彼此成为了对方生命中的一部分，这份情谊值得用一生去珍藏。

感谢同学带来的美酒，与我们一起佐证青春。

中国郎注疏

正心正德

乐于帮助，勤于事业，至善追求，吃苦耐劳，责任担当，爱护自然都可称之为正心正德。郎酒人"酿好酒"亦是这个道理。

酿好酒是一代又一代郎酒人的使命。没有最好，只有更好。如今，在汪俊林董事长的带领下，历经 20 年（2002—2021）扩产，站在 4 万吨年产酱酒的基石上，背靠已有 15 万吨储酒的郎酒庄园。郎酒矢志在白酒行业占据重要地位，与赤水河对岸的茅台各具特色、共同做大高端酱酒，把郎酒庄园打造成为白酒爱好者的向往之地、世界一流的酒庄。

35

好酒等你

四川成都　刘睿

　　时间的洪流走到了 2020 年的初秋，指尖的凉意轻轻掠过心口，正是适合思念与相聚的季节，回忆如电影慢镜头回放般诉说着微小又温暖的故事。

　　大学时睡在我下铺的女孩，来自一个"处处因酒而生，人人为酒而忙"的城市——酒城泸州。也许是地域属性，外表斯文柔弱的她，喝起酒来竟也豪放不羁。毕业之际，她要去北京发展，彼此如影随形的同窗生活即将结束，再见不知是何夕，我们内心都充满了伤感和不舍。临行前，她送了我一瓶从家乡带来的青花郎。"万一你结婚的时候我回不来，这就是我送给你的新婚礼物，到时候你和你老公一人倒上一杯，喝个交杯酒，岂不美滋滋。"

　　后来，她出国深造，遗憾缺席了我的婚礼。当时只是玩笑话，不承想毕业一别竟真的再未相见。回想在一起玩笑疯闹的时光，竟觉得时光飞快。虽然许久未见，但我们的感情并未变淡，只是都把那份情谊深埋心底，变得更加深沉厚重。就像那瓶郎酒，现在还放在我家柜子里，我一直不愿开启它，因为那是我珍藏的一段美好的青葱回忆。

青花郎

　　蜿蜒流淌的赤水河，陪伴了郎酒人的成长，锻造了青花郎的风骨。今天，青花郎能正式跨入庄园酱酒时代，是郎酒人代代坚持长跑的结果。而青花郎的故事正是赤水河畔酱香型白酒产业发展的缩影，郎酒人的性格，也与古蔺人民的质朴、执着一脉相承。

　　有酒有故事，好酒好朋友。近几年来，随着郎酒庄园的建成开放，不断有文人墨客、学者、商界领袖等各界翘楚造访，探秘青花郎的酱香奥秘，鉴赏青花郎的品质秘籍。正式跨入庄园酱酒时代的青花郎，其朋友圈不断扩容，品牌力持续跃升。如今的郎酒庄园与世界级酒庄同行，如今的青花郎与世界级美酒对话。

　　郎酒矢志把万千感谢、万千感恩和赤水河的美好、庄园的味道、郎酒人的匠心、中国郎的气度……一并酿进酒里，让每一滴甘美的郎酒带给人们更好的生活。

赤水河左岸　庄园酱酒

36

风 骨

四川成都　张雪燕

　　我爸爸爱喝酒，但小酌即止，不贪杯。每天一二两小酒，似乎是爸爸生活中的情趣所在，也是他赋予生活的小小仪式感。爸爸喝过的酒不少，但他最钟爱的是郎酒。"神采飞扬，中国郎！""传世酱酒，老郎酒！""为前行，为明天，为胜利，让勇敢充满自己！"许多广告词我至今记忆犹新。

　　除了爱喝酒，父亲还喜欢李白的诗，给我讲李白的出生，他爱鸟爱舞，他自称酒中仙，他才高八斗却始终怀才不遇。"五花马，千金裘，呼儿将出换美酒，与尔同销万古愁！"这份狂放肆意的背后是深藏于心的万古愁绪，借今宵美酒，不醉不归。我想，如果当年有青花郎，李白必然爱不释手，绣口一吐，就又是半个盛唐。如果可以穿越，我希望穿越到那一刻，和李白饮酒舞剑，鼓盆当歌。也希望能回到无忧无虑的儿时，陪伴依偎在父亲身边，看他品咂美酒，与他促膝长谈。

青花郎的风骨

李白的绣口一吐，是半个盛唐。而绵延 500 余公里的赤水河，"吐出"的是中国白酒的"酒核"。西有宜宾、泸州，东有仁怀、遵义，茅台、郎酒、五粮液、泸州老窖都在这个白酒金三角里诞生。

赤水河锻造了青花郎的风骨，不是工业化、程序化的产品。它承载的静与动、柔与刚、阴与阳，没有办法用冰冷的数据所取代。就像赤水河的奔流前行，生生定住了时间的艺术。"复制一条河、打造一个新的自然"的想法，本身就是天方夜谭。

智者乐山，仁者乐水。郎酒庄园所在地兼具二者，背山面水，藏风纳气，吞吐自然。

四季迁流，养一坛温醇的郎酒，韵味在没有边界的自然中，定居在人类所设定的区域内，同时亦在味蕾里细语呢喃。

这味道既有天成，也有人的敬畏。

人不是万物的尺度，人也是万物的尺度。不是，是不可破坏了人与生态圈，不可为所欲为肆无忌惮；是，是敬畏的态度尺度，适可而止的欲望尺度，观照自然和生命尺度。这亦是郎酒人的哲学。

37

山水家园品美酒

四川成都　赖洁婷

　　嗜酒之人，欲也；品酒之人，然也。我常买酒，并不懂酒，却与郎酒结缘一生。最开始，郎酒是爸爸的心头爱，后来老公也加入"郎酒粉丝团"，让郎酒成了家里飘荡的一缕常香。

　　郎酒产自四川，是四川的"六朵金花"之一，在四川这个浓香型白酒百花齐放的帝国中，郎酒是其中为数不多的高端酱香型白酒。爸爸说，由于酱香白酒酿造的优质地带，郎酒具有酱香突出、醇厚净爽、幽雅细腻、回味悠长、空杯留香久的特点。爸爸也喝过茅台，却尤喜郎酒。他说，郎酒虽然按照茅台的酿造工艺，但是口感却不同于茅台的酱香口感，与茅台相比，郎酒的香气更馥郁、更浓烈，口感却不输茅台，瓶身也更典雅高级。

　　追逐之情，念也；郎酒之香，家也。

　　爸爸年轻的时候为家打拼，风风火火算是小有成绩，退休后接管家里的厨房和他小孙子的日常起居，还练得了一手好厨艺。每天晚餐是家人齐聚一堂的时候，四五个小菜，两三杯小酒，一两件寻常事，成为退休的爸爸日常的暖心期待。我问过爸爸："喝了这么多年郎酒，给你换个新鲜的试试怎么样？"他摇头表示，不了，习惯了一种味道和香气，就喝不惯其他的酒了，这是老酒人的调性，你不懂。

深刻之时，忆也；郎酒之后，幸也。

老公第一次喝郎酒是 7 年前，那是第一次带他见父母。老一辈坚信酒品见人品，于是他就被老爸的郎酒安排得明明白白。在此之后，每一次关键时刻他都用郎酒庆祝、用郎酒宴宾客，有时是青花郎，有时是红花郎。我问他为什么，他说："这是我的幸运酒，也是胜利酒，你不懂。"

王维写道："酌酒与君君自宽，人情翻覆似波澜。"这些年，郎酒陪我家经历人情世故、见证了我家大大小小的荣光与回忆，如今想起，心里常涌起暖流，想伴着父亲、老公，月下再小酌一杯。

中国郎注疏

山魂水魄　尽在其中

情深，似酒醇，都需经时间打磨。人性，似酒性，要好，都靠一个字——"养"。好的家庭关系，和好酒也一样，都靠"酿"，理顺内外、调和阴阳，过关斩将，经历风雨，要有心，下功夫，长期有耐心。

郎酒庄园位于"中国白酒金三角"核心区域，赤水河左岸的酱酒黄金产区，当地米红粱、生态赤水河、独特的酿酒小气候、赤水河谷红砂石筑就的窖池、富含独特微量元素的紫红泥窖泥，共同构成了酿制顶级酱酒的绝佳天然环境。

一瓶青花郎从一粒粒米红粱到滴滴佳酿至少需要 7 年时间酝酿，每一个生产储存环节都不可复制，才成就了其高品质、独特的璀璨风采，并获得了"酱香突出、幽雅细腻、酒体醇厚、回味悠长、空杯留香持久"的赞誉。

郎酒庄园，生动体现了郎酒独有酿造法则，也构成了郎酒酱香品质的生态基础。好酒酿出来，也要过关斩将。生在赤水河，郎酒庄园的生态酿酒区依河而建；长在天宝峰，郎酒庄园十里香广场万瓮成山、千忆回香谷 88 个储酒罐磅礴列阵；养在陶坛库，郎酒庄园金樽堡俑立陶坛万只；藏在天宝洞，美酒在天然储酒洞群天宝洞、地宝洞、仁和洞内潜心修炼、得道出关。

山魂水魄玉质于外，生长养藏品质其内。这就是郎酒庄园秀外慧中酿好酒的逻辑。

酒母出世

38

欢喜百味

四川泸州　古友梅

2020 年，一场突如起来的疫情让我的生活发生了翻天覆地的变化。在下半年疫情防控进入常态化后，我开始了自己的创业之旅，在泸州开了个农家乐。通过复原乡村生活，我打造了一个让人们获得身心放松、愉悦精神的休闲胜地。

泸州出好酒，泸州人也爱喝酒。因此，在完成农家乐的硬件打造后，我们的第一个软装重点就是酒架打造。

中国白酒品牌太多了，单是泸州就好几个有名的。起初我们并不知道应该把推广酒的重点放在什么品类、品牌上，经过调研走访发现，光瓶酒和小瓶酒是在农家乐中最受欢迎的。确立好品类之后，我们再对比选择了主推品牌。这时候，我首先想到的就是咱们泸州自己的酒，一来是大家对本地酒品牌的认知度认可度比较高，二是进货渠道近，性价比相对来说也高。权衡之下，我把重心放在了小郎酒上。

结果证明，我们的选择和判断是对的。来农家乐休闲放松的小家庭，大多数会选择小郎酒和光瓶酒顺品郎，宴席婚宴相对来说大家则会偏向贵一些的郎牌特曲系列。

经过大半年的运营维护，现在，我的农家乐基本已经回本，实现了一定的利润。除了感谢自己的付出之外，郎酒良好的市场表现也为我带来了不少收益，所以我也成了郎酒忠实的拥护者。每次向顾客推介的时候，首选都是性价比最高的郎酒系列。

此外，在向消费者推介的过程中，我们发现，泸州人对酱香的忠实程度没有兼香高。我们认为郎酒之后可以多重视一下光瓶酒和小瓶酒这个兼香市场，从而让更多人认可郎酒进而选择郎酒。

每当看着农家乐的客人在酒桌中，享受着生态农家味，在微醺后叙说着生活里的柴米油盐，我都特别有感触。2020 年，对我来说真是非常不容易又特别的一年。而我与郎酒的故事和我的精彩人生，都才刚刚开始。

中国郎注疏

浓酱兼香　纯粮酿造

简约化、个性化和多元化的消费时代，促使白酒行业的档次升级、品质升级、功能和场景升级，由此催生了光瓶酒市场分化，都市光瓶酒风头兴起。小郎酒、顺品郎正是精准抓住这一风头，依托郎酒浓酱兼香的产能基础、品质基础，通过郎酒大品牌势能，以口味和品质作为突破点，充分满足新时代消费者更高的消费需求。

作为郎酒股份核心战略产品之一，小郎酒、顺品郎凭借郎酒千亿品牌价值的背书，旨在引领光瓶酒高端化发展，剑指都市光瓶酒大市场。

纯粮酿造的小郎酒、顺品郎，集酱香和浓香酿造技术、勾调技术于一体，结合感官科学与食品风味化学，历经数百次的酒体试验，运用独特勾调技术，使得酒体既有单粮浓香的绵甜协调、尾味净爽，又有多粮浓香的香气馥郁、余味悠长，还兼具酱香的幽雅细腻。

2014年，小郎酒获中国白酒酒体设计奖；2019年，顺品郎获中国酒业协会青酌奖。这不仅是行业对产品的认可，更是行业对郎酒"酿好酒"精神的认可、也是消费者对高品质郎酒的认可。

拥有大品牌势能、专属品牌赋能的顺品郎、小郎酒，有着与生俱来的优势。加之泸州产区的产能、储能保障，其发展又将进入一个新里程。

郎酒泸州浓酱兼香产区

39

热血狂歌

四川成都　李刚

　　我是一名退役军人，2003 年入伍，机缘巧合，成了系统中最年轻的一员，在单位结交了一群天南海北的兄弟，偶尔周末相约喝酒谈人生。

　　在四川当兵，好处是不缺酒，当然这也是由于我们赶上了好时候。我国军人待遇在 2000 年后逐年提高，国家实力的提升直接反馈到部队的发展建设上，这是当代中国军人的幸运，也是泱泱大国崛起的直接体现。

　　泸州老窖和郎酒，是我和战友聚会出现较多的酒。泸州老窖是浓香，郎酒是酱香，两者风格不同，各有千秋。

　　就酱酒而言，我很喜欢郎酒的口味，浓郁、厚重、返香郁实、醇和。不止如此，朋友聚会，兄弟结婚，过年和老爸对饮，都少不了红花郎助兴。

　　我很喜欢郎酒的文化，热血儿郎，以身许国。从汶川大地震，到现在的守护边疆，都有战友牺牲。网上有句话总结得很到位：我们并不是生活在一个和平的年代，我们只是生活在一个和平的中国。中国的崛起与和平，是有一群人在默默守护，这群人，是我曾经的战友，是我现在的朋友，和他们在一起，酒是无声的默契。一杯酒，怀念我们的青春；一杯酒，致敬我们的家国；还有一杯酒，敬那些已经不在的兄弟。中国需要的青年，是铁骨铮铮的热血儿郎，痛饮狂歌，保家卫国。

中国郎注疏

中国郎的气度

做军人，有对保家卫国的坚守；做企业，有对产品品质的坚守。一个行业的发展，也离不开正心正德的企业。

得益于美酒，早已退出中国人餐桌的高粱，在今天却比任何时候都接近中国人的精神。川黔交界处出产的米红粱，皮厚、粒小，堪称"中国最难吃的高粱"，但经过一个复杂、艰辛的打磨，它转化为一种清爽、甘美、醇厚、柔滑的液体，被重新命名，成为中国最好的白酒之一。

"二郎"是一个英气逼人的名字，让人想起杨戬，想起武松，想起力量和酒。

"二郎"还是四川古蔺县的一个小镇，位于川南赤水河畔。

酱香美酒，赤水河独专其美，离开一个小范围的黄金流域，酱酒就失去生机，如鱼失水。对那些有历史的大品牌而言，环境的限制性更为严苛。郎酒的百年酱香，只在二郎镇才有那极致的风骨。

在 21 世纪，因为一家酒企对使命的坚守，山坳里的小山村的酿酒产业被塑造成百亿规模，整个区域都变得活力四射。

它宁愿斥资 200 亿，铆足一股劲，历经 14 年在赤水河左岸打

日新月异的二郎镇

造了这样一座占地 10 平方公里的庄园，孕育了开创先河的庄园酱酒。

这家企业是郎酒。

40

千里有情

辽宁本溪　林龙金

一首老歌会让你想起一个人，一瓶好酒会让你忆起一段故事。

每次看到青花郎，都会想起一段和海峡对岸台湾友人的珍贵情谊。几年前，我去厦门旅游，去景区的路不方便，便搭了一辆大巴车。上车后才发现，这是一辆台湾旅游团的车。我对台湾风光与美食一直很向往，便与邻座的小哥聊起了台湾的风土人情。他给我介绍清水断崖美景、垦丁的太平洋风光、名字叫"暖暖"的小火车站、味美价廉的台铁便当……一小时的车程很快就过去了，临别时，我们彼此加了微信，相约将来到台湾找他玩。

2020 年疫情暴发，全球口罩紧缺，甚至高价难求。刚好台湾小哥发来微信，问我家里情况如何。得知我家缺少口罩，小哥立马说："我给你邮寄。我做葡萄庄园的，干活需要口罩，家里还有些存货。"不久后，我便收到了来自台湾的包裹，解了家里人的燃眉之急。

虽然只有一面之缘，但台湾小哥热情相助，让我感慨万千，对台湾同胞的认知又增加了一份。

中华民族自古讲究礼尚往来。

疫情过后，我想给台湾小哥邮寄一份"大陆特产"以表感谢。这其中的深刻情谊，恐怕只有好酒能够诠释。思量很久，最终选定了青花郎。让台湾同胞也尝尝大陆的美酒，以及这酒里面的热情、回味和绵延。

与有价值的人一起创造价值

真情，真品质，绝不靠说。汇聚智慧的力量，与有价值的人一起创造价值。

作为郎酒品牌故事的原点和核心，郎酒庄园预计将在 2023 年全面竣工，成为白酒爱好者的向往之地、世界一流酒庄。为实现这一目标，郎酒将围绕"品质、品牌、品味"建设郎酒庄园，再配上庄园之美，郎酒与茅台各具有特色文化与风格。

目前，郎酒庄园勾调体验中心、郎酒庄园会员中心、私人订制酒服务相继实现，接待 15 万人次游览参观，其中包含众多文化艺术界的诗人作家学者，来自长江商学院等的商业精英群体。大家在此品味酱香老酒，享受勾调体验，还通过高势能品牌活动和高端圈层延展，创造美酒、社交、商机等拓展价值。

每年 3 月，郎酒还将在郎酒庄园举办"郎酒庄园三品节"，奖励对郎酒三品提升有突出贡献的各界人士。

在有价值的地方创造价值，与有价值的人一起创造价值，用价值创造价值。

大家的郎酒，大家一起来创造。

火树银花照"靓"郎酒庄园

41

红尘尽付

四川泸州　马安帮

"不同年龄段对于酒的理解和态度是不一样的。"完全领悟这句话，我用了几十年。

和很多小朋友一样，年少的我常常无法理解为什么总会有人那么爱酒？对酒，我甚至有着天然的抗拒，闻见父亲身上的酒气就不想理他。成年后，步入社会，面对无法逃脱的酒局和生活的重担时，酒却在不知不觉间成了我的伙伴和朋友，陪伴我一路打怪升级。

在慢慢与酒精碰撞的过程之中，我邂逅了郎牌特曲，也终于明白了：为什么有的人会那么喜欢喝酒。因为喝了喜欢的酒之后，会让平日那么坚强的自己拥有柔软的一面，甚至可以在短时间内做回天真无邪的自己。或许，遇到一款喜欢并适合自己的酒，就好比遇到了一个喜欢的人，喜欢着喜欢着，我们既有了铠甲，也有了软肋。

我与另一半是高中同学，恋爱十年后步入婚姻。改变我饮酒心态的郎牌特曲，自然而然地就成了我的婚宴用酒。不仅是因为郎牌特曲见证了我的一路成长，也是那句"喝郎牌特曲，为真爱干杯！"确实太符合结婚这个场景了。婚宴那天我喝了很多酒，但我清晰地记得，婚宴上亲朋好友举起酒杯干杯时，每个人脸上洋溢着的笑容，是对我步入人生全新阶段最真诚的祝福。郎牌特曲，它真正见证了我的真爱时刻，也陪伴我开启新的生活。

"白酒是流淌在中国人血液里的情感"，这句话一点都不假。从年少时不懂酒的意义对其厌恶不已，到一路相伴成为知心朋友、见证真爱，我的年龄在变，对酒的理解与态度也在随之改变。

很庆幸，这一路郎牌特曲见证了我的心路变化历程。不同年龄对酒的感悟是不同的，饮酒需求也不尽相同。虽然不知道五年、十年、二十年后，我将以怎样的心态饮酒，但我始终相信，我与郎酒的故事必将继续，它也将再度见证我的人生要事。

中国郎注疏

郎牌特曲

2011 年，郎酒旗下品牌郎牌特曲荣耀问世，与众消费者温情相遇。白酒的酿造讲究天人合一，产区是影响白酒品质的关键。坐拥世界十大烈酒产区泸州产区和世界顶级酱香核心产区二郎产区的郎牌特曲，有着先天优势。郎牌特曲延续传统古法酿造，采用独有盘勾勾调工艺，一经推出就深受市场喜爱，在上市首年就达到 4.8 亿的销售成绩。

扎根白酒绝佳产地，背靠郎酒品牌口碑，凭借对品质初心的坚守，深度践行郎酒"三品战略"，郎牌特曲取得斐然成绩。2015 年，郎牌特曲在江苏市场销售额就已突破 10 亿。在夯实江苏基地后，郎牌特曲随即开启品牌全国化进程，积极拓展河南、河北、山东、四川等重点市场，并取得不错市场反馈。

差异化价值定位，郎牌特曲启程路上一路高歌，为未来发展奠定了雄厚基础。2017 年，"郎牌特曲，来自四川，正宗浓香"战略定位登场；2019 年，郎牌特曲牵手孟非，一句"喝郎牌特曲，为真爱干杯"，掀起婚宴用酒潮。进入 2020 年，在继续将现有产品做大、做强的同时，郎牌特曲明确新方向。2021 年 4 月，郎牌特曲"福马系列"四款兼香新品正式亮相，全面发力新赛道。

岁月携磨品质，十年铸就锋芒。十年间，郎牌特曲产品结构不断成熟，品牌势能持续提升，已成为打造郎酒的一张王牌。2021年，在十周年到来之际，郎牌特曲开启"让勇敢充满自己，与郎共舞，龙马奔腾"的之旅，开始新的征程。

从 2011 到 2021 年，十年时光荏苒，十年砥砺前行，郎牌特曲战略定位、广告语历经多轮变化，就如同我们在成长过程中不断在改变的心态，越来越成熟、稳定。但不变的是，郎牌特曲对让勇敢充满自己的坚持与"正心正德，敬畏自然，崇尚科学，酿好酒"的坚守。也正因为如此，郎牌特曲得以成为消费者心目中以品质取胜的旗帜品牌。

回首十年的相守相伴，见证消费者的人生要事，郎牌特曲倍感幸运。未来，郎牌特曲一定也将不断丰富自己，与消费者一起不负光阴，砥砺前行。

42

十年灯

四川泸州　简叶

　　缘聚求学地，酒赠同好人，
　　春更换秋替，谈笑已成忆。
　　故人远离散，爱酒仍犹在，
　　江湖若相遇，举杯再共饮。

　　家中的郎酒是 1999 年一起读电大的朋友送的，如今人至中年，当年一起读书、谈笑风生的同学们已散落天涯。每每看到这瓶郎酒，总会感慨万分，想起黄庭坚所写："我居北海君南海，寄雁传书谢不能。桃李春风一杯酒，江湖夜雨十年灯。"

　　酒在年少时共饮，是一份炽热懵懂的真挚之情，那时不以为然，只觉得当下便是永远；酒在年长时再饮，是一份温热绵长的敦厚之感，友人再见却难以言表，相望含笑，一切尽在杯中酒。

　　酒本不该用来消愁，一醉方休解不了愁苦，好酒应敬深情，就如家中这瓶郎酒，一直期待着有一天老友重逢，开坛共饮。清酒、花酒、果酒、白酒、啤酒、红酒，每一个类型的酒都有自己的人群，于每一个人都可能承载着不同的故事。郎酒于我，便是那份放不下的友人牵挂。

天地仁和

喝酒，也是见天地，见众生的一个过程。喝酒不是解愁苦，而是阔心胸。

不信？咱们就看看好酒是怎么纳天地，显人生的。

酒体设计师彭毅说，青花郎是在走一个过程，一个人生的过程。

刚出厂的酒，酱香不突出，像一个婴儿一样没有个性、没有特点。等到酒转入不锈钢大罐，在自然环境中接受阳光洗礼，使低沸点的、对人体刺激的物质开始挥发，这一过程相当剧烈，酒体的变化非常大，相当于人的少年阶段。

待到青花郎进入露天陶坛库，广泛地与空气接触，吸日月之精华，采天地之灵气，就像人进入中年，从酱香味不太突出到已经基本具备了个人的风格。

进入天宝洞是青花郎的最后一个阶段。在安静、封闭、没有光照、温度湿度恒定的环境里，安心静养和修炼。虽然这里的变化是很细微的，但是起了决定性的作用——这时的青花郎，已经在亿万年历史的天宝洞里沾染了时光的味道，成为一位睿智、豁达的长者。

这些复杂的工序，漫长的时间成就了美酒口味，也启发人们所思。长路漫漫，每一段都有不同的际遇，才成就了独特、浪漫、专属于自己"天、地、人"和谐统一的品味化境。

洞藏美酒，是郎酒的储酒秘籍。天宝洞、地宝洞、仁和洞，组

天宝洞是上天赐予郎酒的宝藏

成全球规模最大的天然藏酒洞群，寓意"天地仁和"。

　　郎酒庄园是郎酒人"真心"的展现，是"天地仁和"的集成，一步一洞天，一步一惊喜。

43

小确幸

四川成都　曾德华

　　工作时正襟危坐，生活中任性洒脱，
　　存一丝自在灵魂，给一份微妙惊喜。
　　找一缕闹市炊烟，开一瓶兼香郎酒，
　　虽在高楼大厦中，却是宽衣自在人。

　　生活里的惊喜就像碰到郎酒的舌尖，来源于你踏踏实实地热爱以及融入了以后对它的理解。在一个不拥挤、不喧嚣、没有吵闹的周末，上街买菜，回来淘米开火，可以穿着旗袍、踩着拖鞋、系着围裙下厨房为爱人准备一桌饭菜，摆上彼此都最爱的小郎酒，酒杯碰撞，这是一件美丽而浪漫的事情。

　　浓酱兼香的小郎酒是洒脱的，在传统典雅的品牌风格中，增加了一份悠闲自在，让我能够在夕阳余晖的静谧河岸旁，在夜色闹市的炊烟叫卖中，肆意感受脱掉西装皮鞋后的那份来自生活气息的惊喜。小郎酒和恋人一样，唯有用心品味，才能在打嗝的时候都能嗅到那一股酒香的余味。全天下的好女子和好男子，都应该在炊烟和酒杯前碰撞过，从而领悟生活是一件严肃且惬意的事。

中国郎注疏

小郎酒　大品牌

"江湖小郎哥，酒好话不多。"没错，浓酱兼香的小郎酒是洒脱的。

2005 年，小郎酒面世。它以郎酒独有的"浓酱兼香型白酒生产方法"专利技术，精心酿制而成，浓酱兼香，有滋有味。十几年间，小郎酒发展成为"全国热销的小瓶白酒"，在不断夯实国内小瓶白酒第一品牌的同时，也已经开始畅销亚洲多个国家，深受消费者喜爱。

抛开工作压力的束缚，华丽繁复的惯用白酒包装，小郎酒二两一瓶的设计，为满足人们小聚小饮的需求，轻松、随意、量正好。

小郎酒还可满足消费者冰饮、混饮等众多时尚调饮体验。小郎酒希望能够用恰到好处的精致，高级的饮酒体验，带你领略生活百态。

44

相 伴

辽宁本溪　程喜刚

　　每个喜好品酒的人，都有着自己的钟爱。我身边有很多志同道合的朋友，大家的挚爱之选都是郎酒。我把这当作是品味上的契合。觥筹交错间，彼此没了芥蒂，气氛迅速升温，陌生人的破冰，酒就是最好的连心桥。

　　最初听闻郎酒，还是在大学谢师宴。父亲拿出了珍藏许久的郎酒，为我的老师斟满，老师起身，笑容满面："你很有品味嘛！"欢声笑语中，父亲和老师越聊越投缘，此后竟成了无话不说的挚友。

　　再遇郎酒，是职场迎新宴上，老板躬身为每名新员工斟酒，并笑着对我说："年轻人总要突破自己！"我品下人生的第一杯白酒，尝到了辛辣，更尝到了回甘。

　　工作十多年后，我加入了创业大潮。以酒会友，更是必不可少的功课。无论对方是身家千万的老板，还是和我一样的人生攀登者，我都会以郎酒相待，听到最多的话是："你很有品味嘛！"

　　不久前，公司拿下了一个新项目，我回忆第一次喝酒时老板说的那句"年轻人总要突破自己"。这些年，郎酒就像是我的创业伙伴，陪我拿下一个又一个项目，攻克一个又一个难关，提醒我不畏惧，勇敢拼！它给我的创业打开了局面，我称之为金玉"郎"缘。

品质战略

"总要突破自己", 郎酒的"品质战略"也是对自己的不断突破。

以赤水河自然环境为基底, 历时十余年时间, 郎酒规划建设 10 平方公里的郎酒庄园, 科学串联起五大核心生态酿酒区、四种形态的储酒区、专属个性化定制庄园酒的商务系统。"生长养藏", 天地仁和, 匠心酝酿, 方得美酒。

品质是郎酒高质量发展的最坚实底座, 郎酒依托郎酒庄园实施"三品战略""C 端战略""长期追求", 持续推动生产、销售、体验三盘互动, 开展"请进来、走出去"活动, 推动"品质 + 体验"互动模式升级, 为郎酒品牌注入了全新的文化理念和活力, 有效提升了目标消费群体的体验感受。郎酒品牌美誉度逐年提高, 郎酒品牌价值稳步向前, 获得广泛认同。

云蒸霞蔚

45

美好印记

辽宁本溪　闵君

我不喝酒，但与酒有着很深的缘分。

父亲年轻时家里很穷，母亲嫁他那是纯纯粹粹的裸婚。为了给我们这个小家创造更好条件，父亲开始经商，成为改革开放后的第一批创业者。

20世纪80年代初，东北小城还没人做买卖，父亲从卖卫生纸开始逐渐发展成卖酒。父亲肯干、敢干、敢拼，凭着一股子倔劲儿，逐渐开拓当地市场，在酒圈干得风生水起，一点点有了本钱，产品种类也不断壮大。后来父亲开始参加糖酒会，把外地的酒引入家乡市场，这其中川酒十分受推崇。

我的童年多数是在库房里度过的。在酒箱子上爬上爬下，折空酒箱子，用箱子上的绑绳编小物件……妈妈在忙碌的间隙，会指着酒箱子上的字逐一教我识字，这其中就有郎酒的"郎"。每次父母忙到三更半夜，我们就住在库房里。简陋的环境勉强可以遮风挡雨，没有床，我们就在郎酒堆成的货堆上临时铺上被褥当作"床"。一家人躺在冰冷且质硬的货堆上，伴着郎酒香入眠。至今，这种味觉记忆都深深刻在我的脑海里。

有一次，外面电闪雷鸣大雨瓢泼，我被雷声惊醒，闪电劈来的光照亮室内，眼前四五米高的酒垛子在幽暗的光影里像是个巨大的怪兽，我顿时吓得哇哇大哭起来。妈妈惊醒，急忙安慰我，将我搂在怀里，拍我入睡。我的呼吸逐渐稳定下来，就在一呼一吸之间，我闻到郎酒醋甜、沉稳、柔和的味道，我躲在妈妈的怀里情绪逐渐平静下来，再次沉沉睡去。说来奇怪，每次回忆起条件简陋的童年，都是充满幸福的记忆。

如今，父亲年近花甲，也退休了……但作为"酒业世家"，我家的藏酒柜最上排一直摆着郎酒，就是当年教我识"郎"字，枕在身下伴我入眠的郎酒。

中国郎注疏

共酿美好

二郎镇的人们伴着酒香生活。郎酒也见证、改善了很多二郎镇人的生活。

曾经《南风窗》的记者采访一位二郎镇的人，他也是郎酒车间的全能型工人，全家都在郎酒工作。且据他讲述，如他们一般的家庭在二郎镇俯拾皆是，郎酒厂解决了他们的温饱和就业问题，让他们过上了稳定的生活。

从工人到专业人员、管理层，郎酒厂提供了上万个岗位，二郎镇上近80%的人都在这里上班。

"留守儿童"，在这里难得一见。人被留了下来，每一次的消费行为都服务于家乡，生活服务业获得了一个可持续发展的环境，小镇形成了良性循环的自生系统。在这样的地方生活，幸福感也会得

郎酒专用糯红高粱喜迎丰收

到全面提升。

　　温润的宝地，塑造了二郎人温顺平衡、朴实执着的个性。郎酒的酿酒师们恪守传统，将天人合一的酿酒技术世代传承了下来。师带徒，父带子，大家辈出。这样开放、包容、交流的技术领域精神底色，又推动郎酒科研技术不断往前发展，为郎酒高品质发展奠定了人才基础。

　　共酿美好，共享美好。何妨吟啸且徐行，阳光始终耀前路。

46

逐 梦

四川成都 李双庆

神舟五号发射以后，我国航天事业进入了快速发展期，我从家乡西昌来到了祖国的大西北援建。额济纳旗，一个离酒泉 300 公里，只有沙子和骆驼草的地方。

那年冬天，妻子带着儿子来看我，还带了我最爱喝的郎酒，说了一句"没给你买贵的，幺儿正是用钱的时候"。这是妻子第一次喝酒，我们相对无言，眼里诉尽这些年的不易。

分隔两地是军婚的日常，她为家操劳，我为国站岗。那次她走的时候对我说："我曾自私地希望你只属于我。但我对你的爱，恰恰是因为你的职业所具备的那份责任感而使我更加坚定。放心吧，家里一切有我。"

我在进部队前是个爱酒之人，尤爱郎酒，穿上军装后就不再喝酒了。妻子以前是厌酒之人，对喝酒人皆嗜酒的古板印象很严重，偶尔看我在家小酌几杯，都很是嫌弃。现在，她却因为长期分离，将思念寄托在了酒上，借此与我共酌，淡然闲话家常。

她在日记中写道："如果铁轨是你我今生注定的缘分，那我不会厌恶火车上刺鼻的气味和漫长的等候，我会怀抱窃喜与甜蜜，静静期待你的出现。如果酒会成为分离的寄托，那我不会讨厌大街小巷浓烈的酒气和吵闹的助兴，我会将每一张画面都镀上温柔的情感，用力拥抱每一个值得记忆的瞬间。"

社会责任

军人舍小家，为大家，牺牲自我成全了今日的盛世太平。

从繁荣大好局面获益的企业，也应当饮水思源，感恩回馈成就企业的社会、群体。

郎酒深知，商业的本质，是用产品、服务为社会创造价值和财富，商业向善是郎酒发展的根本保证。

身为百年品牌，郎酒的发展得益于当地和整体经济发展，对此，郎酒多年来始终致力于回报社会、保护环境、反哺家乡。

2018 年，郎酒荣获"年度环保奖"，郎酒厂获评四川省首届"十大环保守信企业"。同年，汪俊林董事长代表郎酒抵达赤水河发源地云南省镇雄县，捐资 800 万元人民币，感恩源头居民的生态坚守。

2020 年疫情期间，郎酒以 2400 万元援助当地及其他地区抗疫，并鼓励商家伙伴携手共渡难关。

2020 年 7 月，郎酒向古蔺县捐赠 5000 万元公益助学基金，支持古蔺教育事业发展

2021 年 7 月，郎酒向古蔺县捐赠总额 5000 万元教育基金，设立"中国郎古蔺县教育基金会"。

2021 年，河南暴雨灾害发生后，郎酒以 2000 万元救灾款支持灾区救援及重建工作。

仁和洞外云霞相伴

　　2021 年 8 月，郎酒向遭受暴雨洪涝灾害的古蔺县捐款 1000 万元，和郎酒家乡 88 万人民同心齐力，共渡难关，建设更加美好家园。

　　2021 年 9 月 11 日，郎酒原产地古蔺县二郎镇受暴雨洪涝灾害，全镇财产损失严重。郎酒向二郎镇捐赠 500 万元抗灾救灾款，与 6.5 万二郎人民一起共渡难关，抗洪救灾，重建家园。

　　2021 年 9 月 16 日，泸州市泸县发生 6.0 级地震，郎酒向泸县地震灾区捐赠 1000 万元抗震救灾。

热 爱 _{第三章}

从相信到热爱

不是浮光掠影

而是一连串念念不忘的印记

或是一座山水庄园

或是一瓶洞藏美酒

或是人神酣畅的吟颂

或是躬身耕耘的坚守

它们共同构成了消费者

最真实自然又澎湃激昂的情感

跃然纸上

47

第一酒庄

中国酒业协会名誉理事长　王延才

今时水到渠成，远非一日之功。十三年光阴，超百亿投入，坚守之中是执着，执着之中是理想，理想之中是智慧。任缺一项，都不可成此恢宏大气、道器兼备的郎酒庄园，不可成就回味悠长、令人难忘的青花郎酒，不可成立赤水左岸、庄园酱酒的全新定位，更不可成全酒中藏景、景中流酒的白酒崭新定义。

青花郎战略定位升级的坚实基础与重要启示有三方面。

一是已臻完备的客观条件。郎酒庄园的震撼呈现，是郎酒发展史上极富意义的一个章节。生产、体验、消费的边界被打破，传统意义上互不关联的三者，在郎酒庄园得到和谐的统一。

此刻，我们所处之地，既是郎酒年产 4 万吨酱酒、储存 15 万吨老酒的"展示窗"，也是一年可接待 10 万人次以上的"会客堂"，又是购买品鉴洞藏陈酿庄园酱酒的"热力场"，可以说，郎酒庄园已建成为功能完善、体系完备的中国第一白酒庄园。

二是独具特色的前进道路。青花郎诞生在云贵高原与四川盆地接壤的赤水河左岸，脱胎于海拔 300—600 米（高于 600 米环境会变化）、微生物富集的酱酒酿造黄金产区，淋漓尽致地诠释了什么叫作优质酱酒的"天赋"。

绿水青山的郎酒庄园，正是此种天赋的集中表达。从今天起，定位为庄园酱酒的青花郎，无疑是将此种天赋，从相对隐性变作显性，开创行业先例，并将以此为起点，为中国白酒探出一条庄园白酒的特色道路。

三是意义非凡的先手好棋。当前，怎样把握白酒产业政策调整重大机遇，助力创造高品质的美好生活，是全行业共同思考的重要命题。在开好局、迈好步的关键节点，青花郎以焕然一新的姿态，与郎酒庄园一道靓丽呈现，可以说是一着漂亮的先手棋。

对于郎酒贯彻始终的品质、品牌、品味"三品战略"而言，青花郎的华丽升级具有关键且重大的战略意义。郎酒庄园是庄园酱酒青花郎的载体，郎酒庄园还将持续为青花郎赋能，充分展现划时代的价值，以及长远的发展前景。

世界级，是让我感触很深的一个词。世界上有许多美好，包括酒，包括威士忌、白兰地，青花郎应该位列其中之一。在青花郎里，我们能够感受到一座河畔有山、山上有洞、洞中藏酒、酒蕴乾坤的庄园，一个璀璨的世界。

（王延才在青花郎战略定位升级发布会上的主题发言）

中国郎注疏

世界一流酒庄

历时 14 年打造的郎酒庄园，集参观、度假、品酒以及销售等功能于一体，成为了郎酒品质、品牌、品味的传奇与载体，绘就了一条包含"二郎、黄金坝、两河口、盘龙湾、吴家沟"五大生态酿酒区，"生态、酿造、储存、品控、体验"五大支撑体系，"生在赤水河，长在天宝峰，养在陶坛库，藏在天宝洞"四步酿储法则在内的特色道路。

打造"郎酒庄园"是郎酒三大战略之一，是郎酒在乡村振兴战略的政策指导下的重要战略举措。其战略目标为：根植于酱香原产地泸州古蔺二郎镇，打造一个中国特色白酒小镇、世界一流酒庄、白酒爱好者的向往之地。从功能来看，其旅游与酒文化体验功能非常明显，可以实现消费者与企业之间的体验与互动。同时也是中国酒文化展示的集大成之地和世界酒文化爱好者的向往之地。

自 2019 年 2 月 14 日，四川省委书记彭清华视察郎酒庄园后，郎酒庄园不断接待来自全国各地地方党政代表团，茅台、五粮液、泸州老窖、习酒等行业龙头企业领导人，全国五大商学院几百位企业高管，以及各界学者名流。据估算，自郎酒庄园开业以来，已吸引近 15 万人次亲临，各界人士的赞誉不绝于耳。

"郎酒高度重视绿色发展，郎酒庄园正在成为彰显郎酒生态价值和郎酒文化的人间仙境。"四川省经济和信息化厅党组书记、厅长朱家德曾评价。中国酒业协会名誉理事长王延才说："郎酒庄园已建成为中国第一白酒庄园，是意义非凡的先手好棋。"

48

极致品质

当当执行董事、创始人　俞渝

今天非常高兴来到四川，来郎酒学习和参观。四川出酒，四川也出诗人，大诗人李白给我们留下了一千多首诗，其中两百多首都谈到了酒。李白是一个诗圣，李白更是酒仙，仰望天空李白讲"天若不爱酒，酒仙不在天"。面对大地，李白讲"地若不爱酒，地应无酒泉"。无论是商务会面还是朋友相聚，一杯好酒总是润滑剂，让大家的交流、沟通、聊天更为顺畅。

前些日子，在乌镇世界互联网大会上，郎酒的汪博炜副董事长有一个讲话，叫"郎酒要拥抱互联网，要做极致的品质"。改革开放四十多年，我们从解决了温饱到奔向了小康，实现了小康，消费者对品质的期许是非常非常高的，而且是越来越高。在这条路上无论是青花郎还是郎酒五个子品牌的战略，还是推广方式，还是在天然溶洞中的藏酒，都是对更高品质的一种追求。

（俞渝在"2020十大经济年度人物评选"上的发言）

经典与时尚

2020 年 11 月，在"2020 乌镇青花郎之夜"上，郎酒股份副董事长汪博炜说道："思想改变世界，但思想往往以一定的技术作为载体。"

这番话也是郎酒对传统白酒企业未来发展方向的思考，即以最潮的现代科技为最传统的白酒行业赋能，加速融入新时代数字化的发展大潮。也是在向世人告知，郎酒近年在传统工艺和现代科技融合上的探索及成果。

早在 2019 年 8 月份，郎酒品质研究院的正式揭牌成立，邀请包括中国工程院院士孙宝国、中国食品工业协会白酒专家委员会主任委员高景炎在内的数十位白酒业顶尖专家、学者济济一堂，隆重成立了郎酒品质研究院，并且请到孙宝国出任了研究院专家委员会主任委员。

两年时间内，郎酒股份副董事长、郎酒品质研究院理事长汪博炜，率领研究团队走访过清华大学、浙江大学、武汉理工大学、四川大学、江南大学等各高校的相关研究室，联合深入研究；也率队走向田间地头，将从原料开始的每个与酿好酒相关的环节都容纳在智力系统的研究范围内。

2021 年世界互联网大会期间，郎酒首次向外分享讲述传统工艺与现代科技融合的美丽故事："传感器——数据传输存储——数据分析与建模"的数据采集分析系统、以消费者高效链接的互动线上小程序——郎酒 PLUS。

以此为代表，郎酒已有诸多技术成果已经或计划运用，未来数字化技术也将是提升郎酒品质的重要抓手。

越是经典的，就越是时尚的；越是民族的，就越是国际的；数字赋能极致品质，郎酒更潮更酷更时尚！

郎酒庄园的朝霞

49

回 味

中央广播电视总台节目主持人　朱广权

吴家沟的沟，其实可以是沟通的"沟"，沟通人与自然，沟通人与岗位，沟通粮农与幸福生活，所以这个吴家沟的建设，应该是对当地的经济触动非常大的。蜀中自古多佳酿，更有郎酒回味长！

关于郎酒：
赤水河两岸，风光秀美
生态环境，堪称典范
也滋养了酒文化的灿烂
郎酒就在赤水河畔

关于粮堆：
酿造车间
在堆得不太高的粮堆旁边
工人们正在干得热火朝天

关于铁锹：
一把铁锹，一人多高

有啥绝招？轻抬高抛

关于翻拌技巧：

这个翻拌不一样

这要"飞扬"，为什么要飞扬

因为"神采飞扬中国郎"

关于拌粮：

工人的节奏感非常好看

配上舞曲就是一组舞蹈动作

整齐划一，向前屈膝

　　（根据朱广权在"飞跃赤水河　探秘郎酒庄园"直播中的发言整理）

中国郎注疏

重阳投粮

　　一年一度的重阳投粮，是郎酒人新一轮酿酒盛事的开始。因郎酒酿造所使用的原料米红粱，粒小皮厚、似沙状且呈赤红色，所以当地人亲切地称其为"沙"，由此"投粮"又被称为"下沙"。重阳投粮，巧妙利用时令节气，将出酒率最高、酒质最好、酱香风味最浓的取酒时间安排在一年中气温最高的夏、秋两季，充分保障了酱香郎酒的高贵品质与血统。

　　品质追求矢志不渝。遵天而酿、遵时而酿、遵心而酿，郎酒顺天应时，遵循古法，不违本心，不欺品质，重阳投粮是郎酒千百年来恪守的传统酿造时令，是郎酒"正心正德，敬畏自然，崇尚科学，酿好酒"的最佳体现。

2020 年 10 月 25 日重阳佳节，央视行走的"段子手"朱广权走进当日刚启用的吴家沟生态酿酒车间，带领千万网友通过央视镜头，详解了吴家沟生态酿酒区从选址、施工、建成以及未来效益的故事，解密了郎酒生在赤水河的品质密码。

朱广权（左一）专访汪俊林董事长

50

我挺青花郎

《南风窗》常务副主编　李淳风

中国的酒，承载着一部中国文明史。

所谓文明，归根到底是生活。

从旧石器时代开始，酒就诞生了。因为酒可以放大人的精神，而人们又不知道酒的化学性质，因此从上古时代就对酒产生了崇拜。

对比酒前酒后截然不同的精神状态，人类认为酒是与超自然的世界相通的途径，因此便产生了各种酒神崇拜。

酒，确实是对人类的想象力、意志力和创造性都有刺激和放大的作用。因此，中国以外的地方，都会产生对酒的迷信。

苏美尔人、古埃及人、古希腊人、罗马人以及罗马世界以后的中世纪欧洲人，都把酒视为神圣的东西。葡萄酒之所以在欧洲盛行，形成世界品牌，就是因为葡萄酒与耶稣基督建立了传说关联——它是基督的血。

大航海之后，西方世界对酒的信仰，扩散到了美洲、大洋洲。

苏美尔有宁卡斯，古埃及有奥利西斯，古希腊有狄俄尼索斯，北欧有奥丁，都是神。

中国酒的历史，源远流长。但是中国的酒，从来没有被神化。帝尧千钟，孔子百觚，讲述的是圣人的意志力和道德克制力，说白了，当我们说酒的时候，永远说的是秩序。所以，中国只有酒祖，没有酒神，酒祖可能是杜康，也可能是仪狄。

没有神，那么酒永远就只是一种工具，而不是目的。

中国人饮酒，不是为了饮酒，而是为了通往精神世界。比如，我们通过酒，可以写出更好的诗歌，更美的书法，更好的乐曲。事实上，酒在中国历史上发挥的作用，也主要是这样一个方向。竹林七贤，闻名历史不是因为爱喝酒，而是因为酒能帮他们创作作品，构成风度。

这跟西方为饮酒而饮酒的态度，是有根本区别的。因此，古埃及人饮酒之后便集体敦伦，事实上是一种降维，人借助酒通向了动物；古希腊人饮酒之后肆意破坏、行凶，同样呈现的是人的动物性。中国人不一样，我们饮酒，是为了构筑更美的精神世界，传之后世。嵇康、阮籍、怀素、张旭、李白、苏东坡，莫不如是。

因此，虽然无神，胜于有神。

中国酒的精神，简要地对比说明如上。中国酒的历史，不再赘述。想说的是，到了今天，我发现郎酒是真正地在传承中国酒的精神。

第一，它从来不神化酒。汪俊林董事长一直在说，郎酒不搞神秘主义。酱酒是世界上最复杂的酒，并且因为产地局限，酱酒是可以神秘化的，事实上这也是很多酱酒企业在做的事情。

但是郎酒反其道而行之，一直注重科学化，致力于把酱酒的内容说清楚，不从神秘主义之中捞取虚妄的价值，这是非常令人佩服的。酒没有神，这是对中国历史的承接。

第二，郎酒认为酱酒并不神秘，但又特别强调遵循传统酿造方法，调和人力与天工各自的功能。

为什么要这样做？天工不等于神秘主义，也不等于神力。天工，是中国的农业、医学、哲学的经验主义传统的概括。中国人向来尊重天地，天是道理，地是道理的实现环境，经验主义让我们中国人知道事情这样做会有这样的效果，但不深究为什么。

经验主义传统就是证明了是对的那些道理的落实。郎酒既落实它，又一直追问为什么，这是特别令人耳目一新的。不问为什么，依据传统方法，也可以做出来好酒，投入巨大成本去追问，做出来的酒品质提升最多可能也就是一个小数点。那么，何必费劲呢？

郎酒是非常真诚地在做。

第三，郎酒是自己给自己背书。

神，给很多酒背书；基督教，给葡萄酒背书；政治，给极少数酒背书；历史，被用于给一些酒背书。郎酒不一样，它是自己给自己背书。作为中国产值规模最大的民营酒企，郎酒既不玩神秘主义，也没有政治背书，体制内支持也远远少于许多同行，它的立身之本，就是自己给自己背书。

品质主义、三品战略、郎酒庄园，都是自己给自己背书的表现。其实归根到底，所谓自己给自己背书，其实就是尽全力去以最公平的方式赢得市场认可。什么是最公平的方式？品质。

所以汪俊林董事长把品质上升为主义，其义自见。

随着中国经济实力的增强，国际地位的提高，中国的就是世界的，不再是一句空话。就消费领域而言，想要成为世界的，首先就是品质过硬，获得市场认可。所谓世界，说白了就是市场而已。

我去过许多中国名列前茅的酒企，得出的一个印象是，只有郎酒，没有任何官僚气息，从董事长、总经理到中层管理者再到基层员工，都给人一种随和、轻松、真诚、热爱的气息。它的领导们不要求对等，不看重级别，非常尊重知识，特别感念市场。一个如此大规模的企业，塑造这样的文化，真的是大不易。

这就是真正有国际范儿的企业。放眼神州大地，酒企能有几人？

我以前还说过一句话，并且展开来论述过：青花郎，是唯一能够"斋饮"的白酒。"斋饮"是广东话，就是不需要任何菜肴，直接饮用。这是事实，本人因为工作特性，也经常"斋饮"青花郎，但从未"斋饮"过其他白酒。因为只有青花郎，才不会让我吞下去之后觉得难受。

这就回到了我个人一贯主张的理念，酒的存在，是为了通往精神，好酒的意思就是，以更容易的方式通往精神。以前我打过一个比方，酒里没有李白，那是一种理想状态，不可达致，但是可以有其他人。青花郎，就是嵇康，如山风拂过松林，清爽惬意，正如嵇康创造的词牌"风入松"。同样是53度，喝青花郎，就觉得更加容易。

"更加容易"，没有任何华丽辞藻，但这是我对它能给的最好的赞美。

中国白酒的未来就看青花郎。

因为，它一不玩神秘主义，二没有政治背书，三水滴石穿追求品质，还有四，它真的可以"斋饮"。我们知道，西方的酒，哪怕我们不喜欢喝，也不能否认，它们可以通过各种方式来"斋饮"。

更何况，你把所有有名的酒连瓶子放到一堆，谁能比青花郎更漂亮呢？

所谓漂亮，就是既有中国底蕴，又符合国际审美，时尚，大方，充满艺术感。

我挺青花郎。

郎酒品质研究院

酒，无疑是世界最通用的"语言"。酒，也因此成为世界上历史最悠久的产业之一。

古今中外，借助酒的魅力，创造了很多经典。台湾诗人洛夫曾经说过："要是拿了唐诗去压榨，起码还会淌出半斤酒来。"这样的比喻，浓缩了酒与中国文化的关系。无数先贤巨匠，都以酒通窍，思如泉涌，借助酒的灵感，佳作一蹴而就。

或许正是因为这种不可名状的神思，也为酒增添了几分神秘的色彩。代代相传的传统技法，独一无二的酿储环境……酿酒的每一个环节，越是神秘，越能激发消费者的兴趣。而现代企业对于酿酒的奥秘，是开放的，示予消费者的。

酿得清楚，造得经典，这是品牌的责任；看得明白，喝得放心，这是消费者的期待。郎酒解析自身的"酿艺"，以期让自己酿得更好，让消费者喝得更放心，这是郎酒的匠心与初心。

2019年，郎酒成立了品质研究院，数十位酿酒研究一线的泰斗级专家受聘为专家委员会成员。其中，中国工程院院士、北京工商大学校长孙宝国任首届专家委员会主任委员。研究院还与北京工商大学、中国食品发酵工业研究院、中国农业大学等行业顶尖单位建立合作单位关系。强大的智库系统，将为郎酒品质的提升提供强有力的智力支持。

郎酒品质研究院综合楼建成后将集科学研究、分析检测、产品研发和参观体验等多种功能为一体，人文景观与郎酒庄园的自然风光浑然一体、共融共生，生动展示赤水河畔独特的酿酒生态和郎酒千年传承的酿制技艺。

亲临郎酒庄园，消费者可以看到美酒的诞生，可以感知中国白酒的深邃魅力，可以订制专属于自己的时光之酿。郎酒品质研究院，致力于用科技为品质赋能的同时，也把神秘的酿造技艺，转化为消费者可以感知的科学解析。郎酒敬畏自然，尊重自然，更希望消费者，可以明明白白地感受中国白酒的魅力。

郎酒品质研究院揭牌

51

辟各具特色之路

特劳特伙伴公司全球总裁、特劳特中国公司董事长　邓德隆

在庄园酱酒的战略定位下，青花郎会走出一条"独具特色"的发展路径。

庄园酱酒，对消费者有什么好处？好处很大。因为它近乎重新定义了"品质"。青花郎的品质不只可以喝出来，消费者还可以到庄园来，完全参与进来，这是一种看得见的品质。

"君子和而不同。"汪俊林董事长常常讲，郎酒要传播的是与其他品牌不一样的价值，青花郎的品质不仅喝得到，还可以看得到，听得到，触摸得到。这就是庄园酱酒的丰富内涵，这就是为消费者创造的全新价值，各美其美，美美与共。

汪董事长还讲过，战略定位对消费者来说是承诺，对企业来说是律令。康德的墓志铭中有这么一句话："位我上者，灿烂星空；道德律令，在我心中。"可见，律令是至高无上而又极其严肃的。

要锻造出这样的律令，需要非凡的决断力和执行力。鲁迅先生的名篇《铸剑》里写到了人剑合一的状态，在我看来，郎酒的团队正是有这种铸剑精神，而且靠这种精神，把郎酒庄园打造成为了白酒爱好者的向往之地。

企业是社会的器官，承担社会功能，高度同质化的企业会一定

程度上阻碍这项社会功能发挥。想要整体上强韧而富有活力的经济，企业就要努力做到异质化、个性化，找到各自具有的特色。青花郎定位为庄园酱酒，就是一个很有意义的尝试。

（根据邓德隆在青花郎战略定位升级发布会上的主题发言整理）

中国郎注疏

各具特色

"梅雪争春未肯降，骚人阁笔费评章。梅须逊雪三分白，雪却输梅一段香。"在文人墨客的笔下，梅花因其"香中别有韵，清极不知寒"被崔道融赞誉，雪花则被李太白豪放歌曰，"应是天仙狂醉，乱把白云揉碎"，皆因特色鲜明成就佳话。

品牌林立的商品市场中，坚持自身特色，做到"不同"，才有品牌的延续和发展。回顾郎酒的发展，写满了"特色"与"坚持"。以郎酒庄园为基底，青花郎高举高打，凭借高品质沉淀，高品味助推，品牌形象深入人心，迅速成长为高端名酒的代表性品牌，获得白酒爱好者的广泛认可。

百尺竿头，更进一步。随着美丽的郎酒庄园落成，青花郎"生在赤水河，长在天宝峰，养在陶坛库，藏在天宝洞"的品质密码更加清晰完善。青花郎的主体基酒年份达7年以上，嗅觉、视觉、触觉、味觉深度触达。青花郎会员数量呈几何倍数增长，品质有口皆碑。2021年重阳节，郎酒庄园吴家沟生态酿酒区二期投产，郎酒正式开启4万吨酱酒的投粮投产，随同郎酒当前15万吨的老酒储存量，使郎酒的产能、储能、势能均站到了行业最前列，更为郎酒的高品质特色化发展带来无限可能。

2021 年，青花郎战略定位升级为"赤水河左岸　庄园酱酒"。依托独具特色的赤水河左岸郎酒庄园，郎酒有信心，有理由，也有能力与赤水河对岸的茅台各具特色，共同做大高端酱酒。

赤水河畔的酒罐长城

52

惊 喜

四川成都 吴昊

　　和郎酒的相识，是在一次朋友聚会中。只钟情于浓香型白酒的我，被朋友强烈安利了青花郎！突然尝试新口味，对我这个有点强迫症的人来说不是易事。不过，在朋友的热情邀请，和接二连三的推杯换盏下，我还是端起了酒杯。喝进去第一口时，我就有了眼前一亮的感觉。酒香四溢，入口醇柔，打破了我对郎酒的认知。自此以后，只要宴请朋友或者客户，我都会首推郎酒。

　　酒可以改变人的性格和性情。我以前性格内敛，并不擅长与不熟悉的人畅谈，人多的场合老是脸红怯场。后来，在酒桌上看别人畅所欲言，自己也受到感染。再后来，见多了，识广了，我们胆子慢慢就变大了，性格也变得豪爽了。酒到微醺的时候，我暂时进入一种忘我的境界，可以思接千里，神游万里，这种状态会给我带来许多灵感。

　　郎酒的"生在赤水河，长在天宝峰，养在陶坛库，藏在天宝洞"是我非常喜欢的，白酒的酿造古法本就是公开的，郎酒能够建造庄园，让人游园品尝是非常大气的作风。这些年，郎酒为保护赤水河所做出的努力也是有目共睹的，投资两亿多元建立了污水处理厂，且这个处理厂不仅是对企业自身的生产排污进行处理，还会对周边居民的生活污水进行处理。这些种种都是我选择郎酒的原因。喝酒之人，豪爽大气的作风当如是也。

中国郎注疏

绿色发展

秉承绿色、可持续发展的理念，用价值回报反哺家乡，是一个企业强烈的社会责任感。山水之间出美酒，保护生态，对酒企而言尤为重要。

优质的水源、温热湿润的气候、特殊的土壤、特有的米红粱……依托这样的绝佳环境，酱酒酿造所需的有益微生物在一山一水之间养成。酱香郎酒正是在这自然、稳固、独有的酒菌环境系统中酿制而成，因此，郎酒把敬畏自然放在非常重要的位置。

自2012年以来，郎酒先后投入超5亿元，建成二郎污水处理站、吴家沟污水处理站，新建中水管网33.8公里，将二郎、吴家沟污水处理站处理达标的中水管输至盐井河入河排污口。同时，委托业内领先的环保公司专业化运营污水处理站，巩固提升水生态环境管理效能。郎酒连续五年被评为"四川省环保诚信企业"。

一系列的环保投入，使郎酒逐步完成了对环境管理的提档升级，从过去传统的末端治理转向清洁生产的源头治理，打造绿色、生态郎酒。此外，郎酒庄园在规划酿造生产区时，也严格按照环境保护的设计理念，因地制宜，以求与自然和谐统一。

"我们要搞大保护，不搞大开发，要金山银山，更要绿水青山。赤水河是郎酒的母亲河，保护赤水河的环境，就是保护郎酒的品

郎酒庄园·十里香广场

质。"郎酒集团董事长汪俊林如是说。

在一代又一代郎酒人的努力中，郎酒近年来取得了较大发展，而环境保护已成为一代代郎酒人传承下来的责任。因为，保护生态，不仅是保护酱酒黄金产区的优势，也是保护郎酒赖以生存发展的根基。

53

酒 生 香

四川成都　陈元

说到酱酒，大多数人的固定思维里，首先跳出来的就是茅台。但实际上，同在"美酒河"滋养之下，在独特的酿酒小气候孕育之中，位于赤水河左岸的郎酒同样拥有绝佳品质，与茅台各具特色。

琼浆玉液好水酿，天宝洞藏酒生香。作为四川人，我一直力挺郎酒，不仅是源于一份家乡骄傲，更是因为郎酒地处"中国白酒金三角"的核心腹地，赤水河流域得天独厚的自然条件和郎酒传承千年的酿造工艺，造就了其优良品质。

好水酿好酒，而酒还是陈的香。对于酱酒来说，贮藏老熟的步骤十分重要。刚酿出的原酒就像初出茅庐勇莽的年轻人，要经历岁月历练，才能沉淀下来变得成熟。酒也是一样，需要时间去除陈杂辛烈，逐渐温和老熟生酒香。

郎酒天宝洞 2007 年被列入四川省文物保护单位，有"中国酒坛兵马俑"之称，堪称中华一绝。据说在 20 世纪 60 年代，原郎酒酒厂会计邹昭贵为生病的母亲寻找草药，无意中发现了天宝洞。洞内恒温恒湿，可促进酒体柔软、香化、老熟。在这样的洞里存储的酱酒柔和、香味多样。

到了 70 年代，天宝洞正式启用，一坛坛老酒被藏入洞中。随后，郎酒陆续发现的地宝洞、仁和洞，与天宝洞一起组成了全球规模最大的天然藏酒洞群。

好水酿造郎酒琼浆，天宝洞贮美酒生香。得天独厚的自然地理条件，再加上郎酒人勤恳认真的酿造态度，郎酒的品质、口感一直值得信赖。

希望郎酒能一如既往保持水平，并发扬光大，做大做强。

中国郎注疏

生长养藏

自清末絮志酒厂肇始，郎酒始终遵循"正心正德，敬畏自然，崇尚科学，酿好酒"，练就了"生在赤水河，长在天宝峰，养在陶坛库，藏在天宝洞"的独门秘籍，品质、品牌、品味融合发展，成就了郎酒鲜明的特色，造就了郎酒独特的风格。

生在赤水河

穿越川黔的赤水河，是中国的美酒河，两岸群山环峙，温润少风，是世界十大烈酒产区之一，孕育了茅台和郎酒，汇集了上百家酱酒企业。

郎酒庄园坐落在赤水河左岸的酱酒黄金产区，占地 10 平方公里，是酱酒酿造的天选之地。

当地米红粱、生态赤水河以及独特酿酒小气候，共同孕育了酱香郎酒；赤水河谷红砂石筑就的窖池、富含独特微量元素的特制紫红泥窖泥、传统三合土特制的晾堂，构成了酿酒微生物繁衍生息的乐园。

郎酒千年酿造技艺，是国家级非物质文化遗产，端午制曲、重阳下沙、九次蒸煮、八次发酵、七次取酒，生产过程历时一年，郎酒人秉承古法手工酿酒，顺天应时，一丝不苟。

长在天宝峰

经过长达一年的酿造，酱香原酒来到天宝峰，在十里香广场的露天陶坛库修养。承阳光雨露，观日月轮回，在大自然怀抱中，驯化野性、淬火祛烧。

历练修身后，酱香原酒又相聚在千忆回香谷的大罐中。独特的高山峡谷，生生不息的环状气流，是郎酒吐纳天地、醇化生香的天然道场。

养在陶坛库

室内陶坛库群是原酒静养的绝佳之地，实验表明，室内陶坛储存对酱酒的醇化生香有着极好的促进作用。在这个漫长的过程中，酒体充分静置络合、老熟醇化，口味逐渐变得谐调、细腻、丰满。经历了天宝峰成长的酱香原酒在陶坛库内凝神静养，陈化生香。

酒是陈的香，一年一个味。时间是最优秀的酿酒大师，它施展自然而神奇的魔法，让不同年份的老酒，呈现出不同的黄金色泽，活色生香，风味诱人。

藏在天宝洞

经室内陶坛凝神静养的优质酱酒，最后进入全球最大的天然储酒洞群——天宝洞、地宝洞、仁和洞闭关修行。天宝洞龙形威武，地宝洞状若凤凰，仁和洞形似三条大鱼衔尾而进，天地仁和、意韵天成。

储酒洞内常年恒温恒湿，万只酒坛身披酒苔，势如酒阵兵马俑，酱香郎酒在这里潜心修炼、陈化老熟、得道出关。

54

天　赋

四川南充　费茂

　　我是四川泸州人，我的家乡是地地道道的"酒城"。酒城人，爱酒，多多少少也懂酒。郎酒的历史与故事，沉淀了数代郎酒人的心血和智慧，用舌尖走过时代的足迹，也走出了郎酒的品质路径。郎酒早在 1984 年就获评中国名酒。1985 年，郎酒登上亚太博览会展台。2011 年，郎酒荣登中国 500 最具价值品牌榜单。时至今日，"神采飞扬中国郎"家喻户晓。

　　很多人好奇，为何郎酒会有如此强劲的势头，让它在短短百年的岁月里异军突起，并在白酒行业具有重要地位。我认为，异军突起绝非偶然，郎酒的酿造工艺一直在行业前端，郎酒的品质早已经征服了许多人。因为，大自然对郎酒偏爱有加。

　　郎酒生在赤水河，这里的气候、土壤、水源、微生态圈，构成了酿制顶级酱酒的绝佳环境。此外，郎酒有着苛刻的用料选材和独特的酿酒设备。优质的米红粱、特殊的红砂石窖池、传统的三合土晾堂、特制的紫红窖泥，都是郎酒品质的核心保障。

　　而郎酒自古传承的酿造技艺，以及对酿造精益求精、严谨虔诚的态度决定了郎酒的好酒基因。郎酒品质最出名的，在于练就了"生在赤水河，长在天宝峰，养在陶坛库，藏在天宝洞"的独家秘籍。酒林独此一份，不可复制，无法比拟，堪称一门绝学。

可以说，郎酒酿造过程，是敬畏自然的最佳表达。这样潜心、虔诚酿造出的酒，必然是上等品质的酒中精品。

中国郎注疏

敬畏自然

诗人熊焱曾在《郎酒庄园夜饮记》中写道："这辗转的中年正值微醺／我仿佛坐在云上夜饮／酒坛高过银河，露水大于星辰／舌尖上闪电滚动，肺腑间荡漾着雷霆的回声／而味蕾中全是故乡的粮食与泉水。"

露水、星辰、粮食、泉水……熊焱笔下钟灵毓秀、充满自然气息的郎酒庄园，不禁让人想到了苏轼《醉翁操·琅然》中的意境："琅琊幽谷，山水奇丽，泉鸣空涧，若中音会，醉翁喜之，把酒临听，辄欣然忘归。"

苏轼为谱妙曲而作，而诗人熊焱则是在郎酒庄园夜饮时写下此作——被自然山水环抱，一时微醺恍然，不知今夕何夕。可贵的是，时隔上千年，诗人之间仍能产生隔空的共鸣、创作出异曲同工的优美意境，这归功于郎酒对自然的敬畏。

郎酒酿造工艺顺天应时，恪守古法，是天人合一的产物。郎酒人在百年的匠心酿造过程中，逐渐摸索出了融于自然的"生长养藏"存储流程。

而在郎酒庄园的设计上，同样寄情于山水，充分尊重自然规律，顺应自然、敬畏自然，与当地环境和谐共生。

光阴

郎酒庄园的规划与设计理念就是因地制宜，与周围的环境浑然一体，让建筑"消失"在自然山水间，追求与自然的和谐共生。

"醉翁啸咏，声和流泉。醉翁去后，空有朝吟夜怨，山有时而童颠，水有时而回川。思翁无岁年，翁今为飞仙。此意在人间，试听徽外三两弦。"若干年后的当下，置身郎酒庄园，我们依然能对当年醉翁的心境体会一二，感受大自然的壮美与瑰丽。郎酒庄园美，郎酒更美。除非亲临，无法言说。

55

升华美好

四川成都 杨盼

结婚时选酒，红花郎是三个选项之一，最终选择了郎酒，因为红花郎喜庆寓意吉祥，这是父母最直观的感受。酒是美好生活的催化剂，美酒往往能升华生活的美好，升华我们的情感。

"酱香典范·红花郎"，其实我更看重的，是郎酒所蕴含的意义，纯红正宗，张弛有度。郎酒把美酒的老熟过程比作人的成长，是贴切的。成为一家之主，就要顶天立地，做一个撑起家的好儿郎，这是我想用郎酒表达的情绪。或许郎酒的起名源于二郎镇的地名，但是几十年的发展，尤其是"神采飞扬中国郎"的传播，已经让大家对郎酒，有了更有深刻的认识。

近年来各种五花八门的辨酒方法层出不穷，如摇晃酒花，灯下看酒色，点酒看火苗等。说实话，宣传可以作假，真正好的酱香酒，香味和口感是做不了假的。陈香、花果香，以及饮后的空杯留香都是优质酱香酒的独有特点。

好酒首先是品质，郎酒品质毋庸置疑。凭借好品质，郎酒已经拥有庞大的消费群。好酒更要有文化的感染，郎酒对于很多男性而言，有代入感。生活中的高兴或愁绪，我们都需要用一种男人的方式去面对，去解决，像郎酒一样。对手强大，前路不平，没关系，我们就默默地做好自己，慢慢地超越。郎酒，于无声处听惊雷，值得点赞。

中国郎注疏

消费者追求

"欢言得所憩，美酒聊共挥。""清白各异樽，酒上正华疏。酌酒持与客，客言主人持。"酒文化是传统文化和民俗文化的重要组成部分，有着几千年的历史渊源，并已深深融入国人的日常生活和人情世故中，成为了朋友之间交流感情不可或缺的纽带。中国人重情重义，又含蓄内敛、不善表达，一切"都在酒里了"，"劝君更尽一杯酒，西出阳关无故人"，正是此意。

喜宴用白酒，寓意白头到老，长长久久。红花郎作为中高端酱酒产品，以喜庆大气的包装及酱香典范的实力赢得越来越多消费者的青睐。

在消费者追求上，郎酒步履不停。郎酒会员体系是多元化的，既有面向日常消费的"郎酒 PLUS"，也有针对定制化服务的"郎酒庄园会员中心"。

前者基于"一物一码"技术，让消费者在日常消费中获得积分，兑换礼品。截至 2021 年，郎酒 PLUS 会员数量已达千万，兑换礼品超 57 万件。

2021 年 9 月，青花郎会员系统——青花荟迭代升级为郎酒庄园会员中心，服务人群范围、服务系统、服务硬件、服务权益等全面升级。郎酒庄园会员中心，致力于为用户提供极致服务与体验，创造满意、感动和惊喜；依托于顶级专家学者输出洞见与智慧，赋能企业家持续成功；通过交流、互动、鉴赏，链接与创造价值，最终实现品牌与用户的共同生长、彼此成就卓越与美好。

郎酒"三品"战略下的消费者追求，是郎酒"生产、销售、服务、体验"交融互动最真实的体现。郎酒向消费者更近一步，提供更加极致的用户服务和更加美好的用户体验。

央视主持人陈伟鸿（右）对话郎酒股份副董事长汪博炜

56

科技赋能

黑龙江海伦　闫洪涛

　　小时候，母亲体弱多病，爷爷奶奶需要赡养，家庭的重担都压
在父亲身上。父亲没有一句抱怨，却常喜夜深独酌郎酒，我并不懂
其中况味。成年后，我承担起男人的责任，才懂了张爱玲所写：
"中年以后的男人，时常会觉得孤独，因为他一睁开眼睛，周围都是
要依靠他的人，却没有他可以依靠的人。"初闻不懂酒中味，再闻已
是酒中人，我也喜欢上了饮郎酒。

　　爱酒之人大多数也会喜爱其文化历史。郎酒醇厚净爽的口感，
细腻却不呛喉，是精神上的温柔乡。空杯，留香久，一如历尽千帆
后，细细品味岁月慈悲的烙印。

　　酒是传统工艺产物，无论是低度浊酒，还是高度蒸馏酒，皆有
自己的风味。品酒是对传统工艺的尊重。郎酒庄园对于酱酒酿造工
艺公开展示的选择，和其本身对酒体品质的追求是一致的。虽然郎
酒现在的市场行为颇多，但当下时代的产物又如何能够摈弃市场呢，
所以坚持品质，不忘初心就好。

　　郎酒用机器把工人们从重体力环节解放出来。虽说酒是传统手
工艺的传承，但科学技术的精准性是人体自身难以把控的，用科学
的现代技术进一步提高酒的品质也是非常正确的。在不否定也不干

扰传统的前提下，去探索白酒品质的更高峰是每一位爱喝酒、喝好酒的人都愿意看到的事情。

现在郎酒推出"赤水河左岸　庄园酱酒"，我个人是非常喜欢的；红酒庄园常见，然白酒庄园还是头一次见，像我这样爱喝酒的人想必都是非常向往的。重阳下沙、人工翻沙、高温蒸煮、数次取酒、存储发酵，这一系列酿酒工艺都可以让到郎酒庄园的爱酒人观看一二，再拿酒杯接一点头酒尝一尝，无论味道如何都是美事一桩。

中国郎注疏

郎酒乌镇路径

科学给人以确实性，也给人以力量。只依靠实践而不依靠科学的人，就像行船人不用舵与罗盘一样。酒行业也是如此。近年来，崇尚科学的郎酒在创新路上不断升级。

为求极致品质，郎酒在白酒酿造这一传统行业里，不断探索，融入现代科技——在酿造车间里，使用先进传感器技术和大数据为生产赋能。

传感器的应用，成功地帮助酿酒师从感觉、经验的主观世界中走向科学、精确、标准的数字化世界，进而更好地把握关键工艺，大幅提升酒体品质，酿更好的酒——依托此数字化技术，郎酒2020批出酒率同比提升约1.6%、特级酒优质品率提升约1.5%。

"传感器——数据传输存储——数据分析与建模"的数据采集分析系统，只是郎酒数字系统建设工程中的一个小小剪影。郎酒品质研究院还在不断联合各机构展开深入研究，覆盖郎酒酿储全环节，各个击破，步步为营，用数字化技术全面提升郎酒品质。

2021 年世界互联网大会期间，郎酒首次向外分享讲述传统工艺与现代科技融合的美丽故事："传感器——数据传输存储——数据分析与建模"的数据采集分析系统、以消费者高效链接的互动线上小程序——郎酒 PLUS。

"郎酒乌镇路径"脉络逐渐明晰，依托互联网新思想、新技术，全面赋能郎酒"品质、品牌、品味"三品战略，郎酒的数字化转型升级成果显著。

未来，郎酒还将围绕酱酒专用原粮、酱酒储存老熟工艺、高温大曲微环境、生产自动化、实验室平台建设等重点研究方向，持续展开工业科技领域的创新与运用。

百尺竿头须进步，十方世界是全身。郎酒股份副董事长汪博炜强调，郎酒推动传统工艺＋现代科学的融合，忠于品质的同时，也在坚定不移走出去，积极拥抱现代科技拥抱未来，将最前沿的科技融入千年白酒工艺，为郎酒品质赋能。

千亿征程扬帆起航，百年郎酒正迎巨变。从一粒粮食到一滴郎酒，从一滴郎酒到美好生活的升华，科技创新基因在品质、品牌与品味的"内涵"建设中蝶变延续。在未来，郎酒在深入推进创新驱动引领高质量发展中，定会呈现更多精彩、更多惊喜。

57

鲈鱼莼羹

四川成都　文烨豪

月是故乡明，酒是故乡香。作为生长于郎酒之乡古蔺的"90后"，郎味几乎充溢着我的整个童年，对离乡奋斗的我来说，那抹酒香还真令人眷恋。作为古蔺出来的孩子，郎酒在我心里一直都有着特殊的分量。幼年懵懂不识酒，只觉大人们饭桌上的红瓶饮料香味异常，随年纪渐长，方知那是郎味。而今天，它成了我所记忆中的故乡味道。

没有去过二郎镇的人或许难以想象这个远在大山间的小镇是什么模样，但只要去过一定会对这个空气中弥漫酒香的小镇印象深刻。镇上的房屋沿山而建，郎酒厂便在其中。当地人几乎都从事与酿酒相关工作，镇上若有哪户人家接亲嫁女，全镇的人都会前往共贺，一起吃坝坝宴，饮郎酒。

川南黔北，赤水河畔，一个出产酱香型白酒的绝佳之地。不久前我刚回了一次家乡，车开进去，窗户刚打开，浓厚的酒香便扑面而来。同行的朋友说："路过你家，不用喝酒，闻着味道都醉了。"确实，郎酒这些年的品控做得越发精进，推荐或赠送给朋友都非常有面。

离了家乡不离魂，念了就饮家乡醇。长大后总对家乡的味道有

一份特殊的眷恋，这眷恋就是牵引着游子的那根风筝线。二三两郎
酒，一两道小菜，邀三四好友，在高楼林立的城市中寻一片静土，
轻衣笑脸，把酒夜话，这是最悠闲的感念。

中国郎注疏

利他之心

"那一年，我们瘦如灯盏／山中的植物相继枯萎／我们出逃，沿
着跑马的古道／一路南下，去了贵阳／在一座陌生的城市"。诗人莱
明曾在《致父亲》中这样写道，写尽了离家游子的心酸和无奈。故
乡已经变成回不去的地方，而对古蔺人来说，记忆中的郎酒味道却
始终萦绕心头。

郎酒给古蔺人带来的，不仅是难以磨灭的"记忆中的味道"，更
是属于家乡的温暖与关爱。高质量发展中的郎酒，无论走多远，从
来都没有忘记对家乡的回报，积极践行社会责任，在发展中创造价
值，在壮大中反哺社会，积极造福桑梓、服务社会。

在助学上，郎酒抱有极大的热情。郎酒股份自 1999 年起，开展
捐资助学活动迄今已 23 年。2020 年 7 月，郎酒向古蔺县捐赠 5000
万元公益助学基金。2021 年 7 月，郎酒又向古蔺县捐赠总额 5000 万
元教育基金。此外，郎酒厂公司职工子女助学奖励活动，自 2011 年
始，迄今已持续了 11 年。

商业的本质，是用产品、服务为社会创造价值和财富，商业向
善，利员工、利消费者、利合作伙伴、利社会是郎酒发展的准则。
酿酒和育人一样，都要因材施教，都要全力成就。在这两项相通的

2021 年，郎酒厂向 107 名高考成绩优异的职工子女颁发奖励

事业上，郎酒都持之以恒，笃行不怠。

2021 年，职工子女大学生代表王成星曾表达对郎酒的感激之情。她说，自己是地地道道二郎人，郎酒的发展激励着他们这代人阔步前进。感恩郎酒对她和大家的关心和激励，今后的学习道路上，她会更加努力，用自己的实际行动来回馈郎酒、回馈社会。

"郎酒是成长于古蔺的企业，深知古蔺走出一位大学生的不容易。所以 23 年来，郎酒一直坚定不移地为教育事业贡献力量。"郎酒股份副董事长汪博炜表示，"因贫困上不起学的大学生就像 99 度的热水。郎酒希望通过大家的努力，为他们添一把柴火，让 99 度的热水沸腾，变成国家的栋梁之材，贡献智慧，创造更大的价值。郎酒愿意为那 1 度贡献价值。"

穷则独善其身，达则兼济天下。数年来，无数受过郎酒助学的学子们在各行各业实现着自我价值。不少人更是带着来自家乡的这份关爱和温暖，在毕业后把感恩付诸于行动，努力报效祖国和社会。浮云蔽白日，游子不顾返。然而，对古蔺游子来说，无论走多远，饮下那一杯郎酒，家乡的温暖依旧会涌上心头。

58

秋风思

四川成都　侯彦匡

　　童稚时，总想尝尝那让父亲面红耳赤的酒。父亲却告诉我，得成长为男子汉才可品尝。年少淘气的我不满于父亲教诲，踩着凳子够着酒柜偷饮，那时不懂酒，只觉舌尖一辣，便悄悄藏回。

　　白驹过隙，如今的我已非当初的懵懂少年，早已背井离乡在另一个城市打拼。每年过年我回到故乡，父亲总会从柜子里翻出一瓶郎酒，配一盘古蔺麻辣鸡，酒浆淌进嘴巴，不再刺辣，唯有醇香与岁月的记忆，留存心头。

　　都说，一个人在另一个人的记忆中烙下的不仅仅是容貌外形，还有一缕气味，让你在不经意间闻到这缕气味就能想起他。酒与父亲是我记忆中不可分割的部分。可能是平日里总会小酌几杯，父亲的身上是家中惯用牌子洗衣液的香气和一丝若有若无的酒气混合的气味。酒饮微醺之后，我仿佛能在自己身上闻到父亲的味道，想起故乡那个逐渐佝偻的身影。

　　"浊酒一杯家万里，燕然未勒归无计。"故乡故土，旧人旧物，终究是在外之人的一份念想，寄情于酒，亦是对事对人对物的一份珍惜。世人都说酒后吐真言，想来并不是清醒时不能言，而是酒催发了人们的情感，让人更加勇敢地表达隐藏在内心深处的真实感受。

夜晚与美酒都是性情中人喜欢的，夜晚的寂静与喧闹，在美酒的渲染下，呈现出滤镜后的五光十色。

郎酒取水于赤水河，产自古蔺。家乡的酒，父亲极为珍惜。古蔺的历史可追溯到一万多年前的上古时期。在秦汉时代，古蔺有夜郎国之称，北宋中期设置为羁縻蔺州，宣统元年（1909）正式更名古蔺县。郎酒产地就在古蔺县二郎镇，位于"中国白酒金三角"核心区域，是极佳的产酒之地。我现在离乡在外，接待重要的客人，都会用郎酒，除故乡情结外，也因为酱香郎酒风格雅致，品质过硬。优质的家乡酒，当然值得我骄傲与推荐。

中国郎注疏

生在赤水河

"上流是茅台，下游望泸州。船到二郎滩，又该喝郎酒。"船歌吟唱的这条河，名叫赤水河，也是赫赫有名的"美酒河"，河流两岸是中国有名的酱香型白酒，茅台与郎酒。

赤水河，是国内有名且唯一的"美酒河"。赤水河两岸，山青林茂，河水蜿蜒流过，土壤红黄相间，气候温和湿润，宜居宜酿。就这样，赤水河宛如一条玉带，将流域内人民紧紧拴系在一起，共同谱写了赤水河流域辉煌灿烂的酒文明。

得天独厚的河谷地貌犹如一个天然的巨型发酵池——每年雨季来临，两岸丹霞地貌中的泥沙汇入河中，赋予了河水赤红色，并带进特有的微生物群落和其他矿物质。到了重阳节前后，水势渐缓，层层过滤，赤水河河水变得清洌甘甜，酿酒人取此水持匠心而酿，酿出来的酱酒香味浓郁，入喉甘洌，回味悠长，是不可多得的好酒。

常言道："一方水土一方人。"赤水河不仅养育了勤劳朴实的古蔺儿女，在历史的长河中也酝酿了一方美酒。茅台镇至二郎镇的49公里赤水河谷是中国顶级酱酒的黄金产区，而位于赤水河左岸的郎酒庄园得天独厚地拥有这些良好的生态资源。郎酒人利用特有的原料、水源、土壤、气候、微生物环境，酿就了郎酒独特的酱香风格。

作为酱酒之乡，这一方水土也酿就了古蔺人对酒的独特热爱。在古蔺的小城里，只要聊起酒，古蔺人就会异常兴奋，兴奋之余更是隐藏不住那份对家乡酒油然而生的自豪之感。

家庭聚会、待人待客、工作应酬，古蔺人都喜欢通过喝一杯好酒来迅速拉近彼此之间的距离，产生亲近感。产自本土的郎酒，凝结了古蔺父老乡亲浓浓的乡情，总是父老乡亲们的第一选择。在酒香之中长大，郎酒凝聚了古蔺人绵长浓郁的乡愁。

漂泊在外的故人，无论行至多远，每当思乡之情缓缓涌上心头之时，古蔺人往往会用独特的方式，以缓解久久不能平复的乡愁。那就是饮上一口郎酒，朝着家乡的方向远远望去，默默想念，默默回忆。

悠悠天宇旷，切切故乡情。一杯好郎酒，最解乡愁绪。

59

女儿"红"

四川成都　陈先生

　　绍兴有个风俗，流传了千百年。只要谁家有了女儿，做父亲的就会酿造一坛坛酒，然后深埋在院子里的桂花树下，等若干年后女儿出嫁时，再把酒挖出来作为陪嫁的贺礼，伴随女儿去往新家。这酒，就是俗称的女儿红。

　　一杯寻常的女儿红从酿造的那天起，就注入了父亲浓烈又无需多言的爱以及牵挂，让人感喟不已。每当出嫁的女儿喝起父亲酿造的女儿红，就觉得父亲在身边。女儿红成为父女之间特有的密码，传递着双方的思念。

　　我是一个生活在四川的北方男人，没有绍兴父亲们那样细腻的情感，也无亲手酿造一壶专属好酒的条件。但爱女儿的心，和天下所有不善言辞的父亲没有区别的。在能力范围内，都想给上女儿最好的。

　　女儿出生时，我兴奋得不行。她的到来让我们的小家充满了欢声笑语，我至今也还记得女儿满月时喝的那瓶酒——郎牌郎酒。后来，女儿十岁、成人礼、上大学等重要的日子，我们家都会去饭店庆祝，并花掉工资中一笔不算小的钱去买一瓶喜庆的红花郎，在满满的仪式感和温馨的氛围中，欢度重要时刻。女儿结婚时，婚宴上我们喝的还是红花郎。

郎酒于我们而言，并不是普通的一个白酒品牌，它就像是我们家的女儿红，一路陪伴与见证女儿人生重要时刻。它让深沉的父爱如酒一般，随着时间的流逝，味更醇，情更柔，也更懂。

女婿说，等到他们的孩子出生，他们也会将这个传统延续下去，让一代又一代的人在郎酒红花郎的酒香之中，感受到父亲浓烈真挚而又不善表达的情感。

中国郎注疏

酱香典范红花郎

酒，是美好生活的见证者。中国人对于感情，对于分享，对于身边的爱，很多时候，不在言语之中，更多的是承载在酒里。而生活的仪式感与浪漫，可以从一束精心搭配的花开始，也可以从细品一杯好酒开始。

当所有的美好祝愿都停在酒里的时候，当所有的喜悦都融进酒里的时候，当中国酒越来越多地成为中国人承载情绪的最佳选择的时候，将气度、美好生活与快乐、艺术酿进酒里的郎酒毫无疑问站在了最前面。

人生得意须尽欢，举杯共饮红花郎。红花郎系列是郎酒在次高端领域的布局，以"酱香典范红花郎"的定位深受市场欢迎。自2003年面世以来，红花郎凭借高品质、高颜值、好寓意站稳了次高端市场，也经常在市场上处于紧俏状态。

作为近20年来中国人餐桌上最受欢迎的酱酒之一，红花郎品质延续国家标准酱酒制定者的水准，领衔中国酱香型白酒消费潮流的经典。多年来，红花郎不断超越自己，致力于给消费者打造极致的舌尖盛宴。

消费者的认可、追捧，归根结底源自于郎酒不断提升的高品质。红花郎始终甄选川南优质糯红高粱、软质小麦为原料，采用赤水河谷优质水源，传承国家级非物质文化遗产酱酒酿造"12987"技艺，历经独有"生长养藏"工艺法则酿造贮存，精心勾调而成。一瓶红花郎，从投粮生产、储存到包装出厂，需要五年以上光阴沉淀。

时间是酱酒最好的朋友。端午制曲、重阳下沙、九次蒸煮、八次发酵、七次取酒，郎酒顺应天时，一年一个生产周期。一瓶红花郎，需要历经时光沉淀，才能到达消费者面前。不仅如此，还要历经郎酒庄园露天坛储、山谷罐储、室内坛储、天然洞藏等四个阶段的储存老熟，才可勾调出厂。如此循环往复，静待时间考验，只为带给白酒爱好者最好的品质体验。

红花郎外观，中国红纯正，精致大气。酱香典范，书尽大国气韵；经典华贵，映照人生辉煌。在人生的每一次重要节点，红花郎都将与您共庆！

60

陈酿意难忘

四川成都 树子

中国白酒香型十余种，浓香、兼香、酱香、清香、米香……我最喜欢的就是酱香。不过很多酒友在第一次喝酱香酒的时候，往往很难接受醇厚的酱香味，甚至会产生疑问：这就是一瓶上千元的酒？

有人说喝不惯酱酒，是因为酱香型的酱味。其实酱香型酒就像吃榴莲和香菜一样，闻着有的人接受不了，但是喝习惯的人就觉得香，而且越喝越香。很多人喝不惯酱香型的白酒，但在我看来，他们显然是没喝到过好喝的酱酒，没有真正体味过酱香酒的醇美。

记得第一次喝郎酒大概是十多年前，是一瓶青花郎。打开酒瓶一瞬间，毫不夸张，满屋飘香。不懂酱酒的人是不理解这种香，常把酱香白酒认成劣质白酒，用他们的话来说："这酒太香了，肯定是加了香精！"

酱酒之所以这么香，是因为其香味成分复杂，时间放置越久，酱酒酒体中的醇类物质，就会不断在酒体中起调和的作用。在醇类物质的不断催化下，赋予了酒体特殊的风味，使酒体香味更加完整、醇厚，呈现出酱香突出、优雅细腻、醇厚丰满、回味悠长、空杯留香的风味特征。"酒是陈的香，一年一个味"。于酱酒而言，表现尤为明显。

第一次喝青花郎的场景，至今记得。小手一抖，酒就洒到了手上。哎呀，可惜可惜，顾不得好看不好看和脸面，秉着不能浪费丝毫好酒的原则，抬手放到嘴边就开始舔……就此一喝，便被这醇厚丰满的味道俘获。

在岁月和自然的共同催化下，才能孕育出酱香型白酒如此醇厚丰盈的风味。这就如同人生，随着人生年龄和阅历的增加，每个人都成长得越发成熟、大方。酒越喝越多，但喝的品类是越来越少。在尝过众多不同风味的白酒后，仍觉得最惊艳的还是酱香风味的郎酒，入口绵，入喉顺，回味长，留有余香，饮后不上头。

果然，酱香型白酒是一旦喜欢上，就难以逆转的。酱酒那种极具层次感的独特风味，真的太令人欲罢不能了。饮酒不多，但喝酒，我只喝酱香型的郎酒。

中国郎注疏

庄园的味道

酒之风味，不若茶般波澜不惊，它是一种更复合、更深邃的人间滋味。

正如作者所言，感悟酒的香味，三分是天注定，那是天生"好酒"的基因使然，更有七分的后天接受。经历过生活的酸甜苦辣，对生活多了几分感受与忍受，同时也多了几分豁达。再喝白酒，体验过，比较过，感受过……滋味自然不同。那种百转千回的香气，油然而生。这一点，从白酒消费群的年龄构成中，大致可见一斑。放眼世界，烈酒的消费人群，在各国的人口比例中，同样是以中青年、中年为主。回归到物理的层面，好酒之所以是好酒，最直接的感受就是"香，好喝不上头"。而决定这些利益点的关键，就在于白酒中极少但也是最关键的香味物质。白酒的主要成分是水和酒精，但是其中有机物质，包括有机酸、酯类、醇类、醛类等风味物质，这对酒体起到了画龙点睛的作用，赋予了白酒复杂的风味。构成这些，与产区、水源、原料、酿造工艺、窖池年龄、储藏时间等因素息息相关，任何细微的差距，都可能如复杂的排列组合般，诞生复杂的味觉感受。"生长养藏"，赤水河左岸的郎酒庄园，让青花郎独一无二。青花郎的香气成分极其丰富，已探明 400 余种特征的香味物质，彼此交融互动，和谐共生。时间历练了它的成熟，锻炼了它的风骨，成就了庄园的味道。

岁月留痕

61

洞　藏

四川成都　傅晓

　　郎酒之乡二郎镇坐落崇山峻岭中，是"中国白酒金三角"的核心腹地。

　　第一次到二郎镇，是七年前跟着作家团去开笔会。彼时，郎酒正在开工建设郎酒庄园，新的办公地点比旧厂地势要高。在那里，我第一次见到了传说中的天宝洞。当时大雾弥漫，蜿蜒岩峭壁之上，一座洞口仙气飘飘，让人不觉怀疑，是否神仙就住在这里。走近些仔细凝望，洞口上镌刻着"天宝洞"三个字，才豁然发现：嚯！这就是大名鼎鼎的天宝洞。

　　"宝洞客来风送醉，举觞人去路留香。"这天宝洞为郎酒贮存而生，其中蕴藏着绝妙的玄机。天宝洞地处东经106°，北纬28°，是云贵高原典型的喀斯特溶洞，地质年龄1.8亿年，洞内常年恒温19℃左右。大自然恩赐的天然洞穴中，酒分子与空气中的微生物长年作用，形成洞壁上的酒苔，这些有着旺盛活力的生命，带来了郎酒酱香成分中新的神奇。适宜的温湿度、微生物群形成了优良的贮酒环境，对酒的有机醇化生香起到稳定醇熟的作用。通过恒温洞藏，挥发掉了有害的物质，促进了有益的微量元素的生长，因而酱香更为细腻、丰满、醇香、厚美。

这方大自然鬼斧神工的天然洞穴实在是藏酒储酒的绝佳之地，酒与二郎镇、二郎镇与郎酒，真是天造地设的缘分。

这里的人民性格似酒一般豪爽而耿直，待客饮酒也是格外热情。在二郎镇喝酒讲究"四渡赤水"，即做客至少喝四杯才算经得起"革命友谊"的考验。还有苗族"高山流水"喝法，即从几个酒碗高低错落连成"高山"。美酒从最高处源源不断流泻至碗中，一碗接一碗，象征主人对知音的深情厚谊。

后来再到二郎镇，建设了十余年的郎酒庄园已经巍然矗立在这座深山之中，成为了名副其实的"白酒爱好者的向往之地"，如世外桃源般向外界传递着郎酒的声音。

让人不觉感慨，日月如梭，光阴似箭。不知不觉，这么多年过去了，二郎镇发生了很多变化，我们的生活也不同往昔，但天宝洞里的郎酒，就好像忘却了这世事变迁，脱离了时间运行的轨道，在美酒的世界里独自沉淀、沉酿、沉醉，忘却尘杂，自我进修，直到变得柔和、老熟、至臻至美。

原来，天宝洞是郎酒闭关修炼之所。

期待下一个十年，郎酒的明天会更好。

中国郎注疏

藏在天宝洞

站在天宝洞口，可以俯看到赤水河蜿蜒而过，逝者如斯，不舍昼夜。而头上则是高高的悬崖，生长着各种藤蔓和灌木，当地人称"上一线青天，下一线绿水"，风景奇诡而秀丽。

入得洞来，酒香弥漫，醇香扑鼻，一坛坛封存的大酒坛子整齐划一地向洞内延伸，昏暗的灯光下，10 年、30 年、50 年……陈酿老酒坛和洞壁上积满了厚厚的酒苔，酒坛静静地伫立在那里，犹如出土的兵马俑，于是有了"中国酒坛兵马俑"的称谓。

天宝洞的发现纯属偶然。1969 年春，原郎酒酒厂会计邹昭贵上山采药时发现此洞。

邹昭贵想，要是把这个洞用来贮酒就好了，既能满足酒厂扩产贮酒需要，又能节约大笔修建贮酒仓库的资金。于是邹昭贵多次深入洞穴探察，经考察认为可行后，向厂里提出了"把这个洞用来贮酒"的建议，建议很快得到了采纳。70 年代初，天宝洞启用时，郎酒厂为方便管理，将建厂以来的老酒，甚至还有中华人民共和国成立前"惠川糟房"的老酒一并编号存入洞中，由此开启了郎酒的"天宝洞时代"。随后，郎酒在天宝洞下开发了地宝洞，发现了天宝洞上方的仁和洞，自此，郎酒储酒洞"天地仁和"齐备。

"姜为老辣，酒乃陈香"，"洞中方一日，洞外已数载"，两句看似不相干的谚语却道破了洞藏郎酒的玄机。天宝洞地处东经 106°，北纬 28°，是云贵高原典型的喀斯特溶洞，常年恒温恒湿，可以使新酒醇化老熟更快。

专家认为，天宝洞对郎酒而言是锦上添花。洞内的土陶坛陈放的郎酒，挥发的酒分子凝结于洞壁，日积月累，形成了夹杂着数百种微生物、厚达数厘米的酒苔。适宜的温度湿度、微生物群形成了优良的贮酒环境，对酒的有机醇化生香起到稳定醇熟的作用。通过恒温洞藏，酒分子挥发少，即便是挥发出来的酒分子，也因不易散逸而凝结在洞壁上。这不仅有利于酒菌的繁衍生息，还替郎酒催生出上百种香气成分，促进了有益的微量元素的生长，因而酱香更为

天宝洞藏

细腻、丰满、醇香、厚美。

　　作家苏童曾在《关于天宝洞》中赞美道："由于天宝洞与地宝洞已经打通，两个天然溶洞上下相连，互相滋养，空气并无稀薄之感。我轻轻揉摸着酒坛子上厚厚的灰暗的酒苔，触觉几乎令我震惊。我所触摸的很像是酒的皮肤。"

　　洞藏郎酒，本身就形成了一个独特的、和谐的生态环境。而这
一切，都是拜神奇的喀斯特地形之所赐。先有非常之地理，然后又
非常之人事。只有亲身进入这举世无双的天然酒库，方能体会到
"宝洞客来风送醉，举觞人去路留香"的诗情画意。

62

岁月沉香

天津　冯耀利

　　天府之国多佳酿，蜀都自古酒飘香。四川一直以来都是中国白酒的重要产区，川酒在规模上也一直领跑全国。在天津，请客喝酒，如果是郎酒、泸州老窖、五粮液，会是一件很有面子的事。而作为"六朵金花"里唯一的酱酒品牌，郎酒可谓扛起了川酒酱香的大旗。

　　从汉代的"枸酱酒"到宋代的"凤曲法酒"，从"回沙工艺"到"盘勾勾调"，郎酒传承一千多年的古法，依照"端午制曲、重阳下沙、两次投粮、九次蒸酿、八次发酵、七次取酒、经年洞藏、盘勾勾调"的传统工序来酿造。郎酒的特色是"酱香突出，醇厚净爽，幽雅细腻，回味悠长，空杯留香久"。它在酿制过程中，虽按酱酒工艺酿制，但其味道又不同于其他酱酒，香气较之更馥郁、更浓烈，据说是因为郎酒独创的"生长养藏"秘籍。因此有人曾赋赞："蜀中尽道多佳酿，更数郎酒回味长。"

　　"上游是茅台，下游望泸州。船到二郎滩，又该喝郎酒。"这是一首赤水河畔几乎人人皆知的船歌，它道出了郎酒在我国酿酒业中的重要影响。中国最负盛名的酱香型白酒——茅台与郎酒，竟同是赤水河哺育，两家酒厂隔河相望，其间距离不过49公里。因此有人说，赤水河是一条神奇的酒河。

在关于四川酱酒的一片热炒之中，唯有寻求到快慢之间一种精妙的平衡，方是彰显智慧之举。我们欣喜地看到，郎酒给出的答案是：慢销售、快生产、快储存的"一慢两快"发展路径，在郎酒庄园的加持下释放出了巨大能量。但我认为，目前郎酒的价值还没有完全释放，希望郎酒能在强调赤水河产区定义的同时，能够梳理郎酒的历史文化，系统深入地进行挖掘和整理。

中国郎注疏

慢销售　快生产　快储存

郎酒酿造历史悠久，自西汉"枸酱"以来已有千年，现代工厂源自清末"絮志酒厂"。中华人民共和国成立后，周恩来总理亲切关怀，郎酒于1957年恢复生产，并逐步壮大为大型骨干酿酒企业。

目前，郎酒已形成二郎产区与泸州产区"两翼齐飞"的生产格局，可同时生产三种香型，青花郎、红花郎、小郎酒、顺品郎、郎牌特曲五大单品深受市场欢迎。这是几代郎酒人坚守酿艺初心，艰苦奋斗而来的。

当年重建酒厂，大部分的原料，要去20公里外背运，装酒的坛子，要自己烧制，"晾堂"甚至要靠人力扇风。从简陋中起步，郎酒人用自己的汗水和匠心，一步步呵护郎酒发展壮大。到了今天，郎酒人对于酿酒的匠心，依旧没有一丝懈怠。耗时14年打造的郎酒庄园，就是郎酒匠心的最直接体现，用料不计价格，用工不计成本，用时不计岁月，只为酿一杯好酒。

厚积才能薄发，郎酒开始"慢下来"。郎酒坚持一慢两快——慢销售、快生产、快储存。销量控量，生产和储存环节却是加量提速，高效高品质完成好酒、老酒的生产储备，最终实现酿好酒，存新酒，卖老酒，为消费者的美好生活服务。

很欣慰，郎酒持之以恒的努力已经被消费者看到，郎酒"慢下来"的理念，也得到越来越多消费者的认可。未来，郎酒将坚守初心，不断精益酿艺，不断完善庄园，让郎酒在不断发展壮大的道路上，行稳致远。

郎酒庄园洞藏陈酿

63

赤 子 魂

四川泸州 王瑞芬

作为一个泸州人，毫不夸张，酒是生活里的必需品。逢年过节时，都会看到家家户户提着郎酒走亲串户。打小，郎酒这个品牌就深深扎进了我的心中。

第一次喝白酒是在某次活动上饮用红运郎，面对客户递过来的酒杯，我皱着眉头面露难色尝试了一口，结果不但没有印象中"白酒很辣"的感受，反而第一次感受到了"入口回甘"是什么感觉。原来好酒是不辣的，是我误会白酒了。

这成为我对白酒的第一真实印象，也开启了我与郎酒的故事。一次偶然的机会，我了解到红军"四渡赤水"时，曾在古蔺地区转战半月之久，并进行了著名的背水之战。红军在这里扶困济贫，分粮分盐。老百姓拿出郎酒慰问红军，用酒给战士擦洗伤口，舒通筋骨，消除疲劳。这让我对郎酒不止陶醉于口感，还敬重其内涵。至今，赤水河上还流传着这样的民谣："赤水河呀长又长，手捧郎酒香又香。红军哥哥为穷人，献给红军尝一尝。"

读史可以明智。读懂了这段历史，才知道郎酒醇香的背后，是中华民族历经百折而自强不息的赤子之心，这，也许就是大国酒魂。

神采飞扬中国郎

"郎酒人说，郎字要浑圆，最初的一点，落在纸上，就是琼浆玉液。郎酒人说，郎字要出头，最后的一竖从天到地。郎酒人忘记了自己的姓名，他们把郎酒的郎，当作了自己的姓名。一点一竖，写出轰轰烈烈的人生。"这是郎酒集团党委书记李明政的诗作——《郎是郎酒人的姓名》，也是每一个郎酒人心底的声音。

一个"郎"字，是所有郎酒人的共同姓名，是深刻于生命中的事业，匠心，心之所向。从"郎"字的第一笔，到最后一笔，恰到好处地完美演绎"郎"字品牌的内涵，以及郎酒人的精神气质。

笔墨初落，那浑圆一点，是郎酒人永远把品质放在第一位，把一点一滴酿就的好酒奉在至上之位。郎酒的"三品战略"——品质、品牌、品味，同样是把品质放在第一位，以品质为基，才能做好品牌，生活品味，也是企业长久生存发展的基础之道。说到底，郎酒的文化，就是品质文化，郎酒的追求就是追求极致品质。

收尾之笔，那一竖，是郎酒人骨子里的顶天立地，敢拼敢赢敢想敢担当。好酒甘甜醇厚，酒之味美的背后，品味郎酒以及郎酒人内在之核。之所以追求这份极致品质，是因为郎酒人埋头沉浸于一份幸福的事业，是在酿酒，也是在酿造美好生活。

酒是中国代表性文化精粹之一，自古以来都是以酒助推情感氛围，升华彼此之间的感情。酒到深处情更浓。到了新时代，可感可及可喜的幸福生活更需要美酒相庆，一杯酒香里，感情有了温度，

功夫

美好生活就在身边。

郎酒人以酿造美好生活为初心，把酿好酒作为毕生事业。酱酒酿造，一年一个生产周期，年复一年，就像是生命的年轮。在生产过后，还要经历漫长储存老熟过程，才有了美酒回甘之味。从辛辣冲味的新酒，到老熟醇香的美酒，这同样也是美好人生越来越有味的过程。

滴滴酒香，记录着郎酒人的兢兢业业和一丝不苟，在古蔺深山里，在岁月流逝里，耐住寂寞，守住传承，磨炼手艺，提升品质，与颗颗酒分子长久相依为伴——是谓"工匠之心"。

以工匠之心，坚守酿造之基，在每一个看似平凡的岗位上逸兴遄飞，神采激昂，助力企业腾飞创造品牌价值，以品牌实力助推行业前行，共同向着伟大新时代的美好生活迈进。

"神采飞扬中国郎"，一语三关，说的是郎酒，是郎酒人，也是各行各业中国人的精、气、神。

64

匠 心

四川成都 闫画晴

　　父亲喜欢酱酒，尤喜郎酒。他认为，口感上，郎酒与茅台平分秋色，但瓶身做工上，郎酒更胜一筹。红花郎的红，是杜鹃啼血的中国红，一撇一捺写尽大气；青花郎的青，是山河浩荡的中国青，一丘一壑清平中正。前段时间读了作家葛亮写工匠精神的《瓦猫》，对郎酒中的匠心感触更深。

　　"工匠精神"一词，最早出自于著名企业家、教育家聂圣哲，他培养出来的一流木工匠士，正是来自于这种精神。相信随着国家产业战略和教育战略的调整，人们的求学观念、就业观念以及单位的用人观念都会随之转变，"工匠精神"将成为普遍追求，除了"匠士"，还会有更多的"士"脱颖而出。

　　在2016年的政府工作报告中，李克强总理说"要鼓励企业开展个性化订制、柔性化生产，培育精益求精的工匠精神"。近些年来媒体宣传的"中国制造""中国创造""中国精造""工匠精神"，如今成为决策层共识，写进政府工作报告，显得尤为难得和宝贵。

　　聂圣哲曾呼吁："中国制造"是世界给予中国的最好礼物，要珍惜这个练兵的机会，决不能轻易丢失。"中国制造"熟能生巧了，就可以过渡到"中国精造"。"中国精造"稳定了，不怕没有"中国创造"。千万不要让"中国制造"还没有成熟就夭折了，路要一步一步走，人动化（手艺活）是自动化的基础与前提。要有工匠精神，从"匠心"到"匠魂"。一流工匠要从少年培养，有些行业甚至要从12岁开始训练。要尽早恢复学徒制。税制要改革，要促成地方政府对制造业的重视。

近些年，郎酒通过坚守传统工艺优势，以工匠精神精益求精，专注为消费者带来更具价值的高端酱香白酒。一直以来，郎酒都在为长期、不惜代价的品质追求而努力。2020年3月12日，首批"郎酒工匠"接受表彰，他们继承了百年郎酒代代相传的工匠精神。"2021年首届郎酒庄园三品节颁奖典礼"在郎酒庄园隆重举行，郎酒依旧重奖为郎酒品质做出突出贡献的最一线员工，并授予他们"郎酒工匠"称号。

不遇良工，宁存故物，一鳞一焰，皆为匠传。我便也愿意长久在郎酒前驻足，只为瓶身中的浩然之气。

中国郎注疏

郎酒人的匠心

"匠，木工也。从匚从斤。斤，所以作器也。"——《说文解字》

在某一领域，具有既定分量，以巧妙独到的技术追求极致品质，心怀诚信，手握诚实，细微之处求精益，品质至上见良心，这是工匠精神。

"一切手工技艺，皆由口传心授"，酿酒，这一传统手工艺，就是在千百年中靠着一代代老匠人的心口相传，代代坚守。郎酒工匠，在一次次新老交接中，完成千年技艺的薪火相传，并在当代结合科技创新统一标准规范，有了更近一步的跃升。

如今，郎酒人将工匠精神融入到生产运作的各个环节，他们在各自的岗位上，择一事，干一行，爱一生，兢兢业业，尽忠职守，用真实行动演绎"平凡就是无声的伟大"。

二郎产区酿造部陈应强，20 岁入厂当学徒，从上甑摘酒开始学起，一干 30 多年，将整个青春献给了郎酒酿酒车间。从学徒逐渐成长为组长、班长、车间主任，如今管理两个车间 260 多人的生产一线，始终把"酿好酒"当成己任。

酒体中心罗艳萍，29 年青春托付给郎酒。作为酒体设计师，她一天要品评 4—5 轮酒，每轮 5 杯，每一口品咂 5 次以上再吐出。她极度律己，作为四川人却禁食辛辣，绝不使用香味化妆品，饮食节制，起居规律，只为保持身体系统协调和高度的嗅觉敏感。

设备能源保障部王绍红，36 年与锅炉、蒸汽管道、大型机房打交道，组织实施近 50 余项大型技改。看似与酒没有直接关系，却是郎酒产能攀升的保障，也是生产安全的关键。

质量管理部雷宏叶、叙永东玻成型车间刘杰、泸州益和注塑车间袁波、合江华艺彩瓷车间李小芳、二郎产区酿造部的陈先平……郎酒生产制造的细枝末节里，都是郎酒人坚守品质、孜孜不倦的英姿。

品质是郎酒的根本，郎酒工匠则是郎酒品质的坚守者与助推者。好品质成就好品牌、好品味。"品质、品牌、品味"是郎酒发展的核心，也是资本信任、市场信任、消费者信任的"郎酒品格"，是郎酒树立的价值新标杆，更是中国白酒高质量发展的生动样本。

品质是郎酒的根本

65

与郎共舞

江苏　许多

　　岁月如梭，回忆起与郎牌特曲的缘分，往事历历在目：家里老一辈在20世纪90年代就开始喝郎酒，所以我对郎酒印象比较深刻，也注定了我和郎酒之间不解的缘分。后来，在一次春交会上考察市场时，我对郎酒有了更加深入的了解，于是就在2013年与郎牌特曲开始了合作，一晃已经过了8年。

　　虽然我们公司做白酒的时间不是很长，但在整个江苏市场，按酒业公司的销量排名的话，我们公司在江苏应该是名列前茅，还被当地同行称为一匹"黑马"。许氏酒业与郎牌特曲开展深度合作以来，共同创造了一个又一个市场佳绩，我也有幸全程参与了郎牌特曲在江苏的高速发展。

　　从一开始被企业文化内涵所吸引，到后来被郎酒的独特酿造工艺所折服，更加坚定了我想要与郎酒一起创造价值的信心和决心。所谓兄弟齐心、其利断金，我们就把自己当作郎酒在江苏的分公司，担起郎酒在当地市场的品牌推广和形象建设。我们和郎酒之间的关系是相互扶持。在"树大商、扶好商""一商一策"战略指导下，我们没有理由做不好未来的市场。

　　万里征程风正劲。郎酒的产品品质毋庸置疑，这是消费者的普遍反馈。郎酒推崇品质追求，深入方方面面。郎酒的销售操作，敢为人先，落实迅速且有力。

人生重要的不是所站的位置，而是所朝的方向，我坚信在汪董事长的带领下，郎酒一定会成为中国最好的白酒之一。与郎共舞，龙马奔腾！

中国郎注疏

扶好商　树大商　厂商共赢

与志同道合的伙伴同行，共同向着一个目标坚定向前，即便是再高再险的山，也能够翻越登顶。比如，郎酒与它的经销商伙伴。

对于郎酒而言，经销商更是无比重要的商业同盟。崇尚科学，敬畏自然，酿好酒，这一切的一切，最终都是为了把高品质的郎酒，从上游输送到终端，让更多消费者体验到绝佳的郎酒品质，在郎酒品质中感受到美好生活。为了这样一个共同目标，郎酒始终将经销商视为最重要的合作伙伴，共谋共建共赢，一路同行。

自 2020 年起，郎酒计划建立一个以优质好商、大商为核心的经销商网络体系，优化调整经销商队伍，在这一套动作的背后，是郎酒升级调整，蓄势再腾飞的伏笔。

如今，郎酒产能稳步提升，老酒储能丰富，已经形成庞大的后盾体系，为郎酒长期发展铆足后劲。郎酒的"扶好商、树大商"政策，用三年时间，扶持优秀商家在一定区域内生根成长，加大对其所在的区域保护和经营稳定性保障，让优质好商、大商施展拳脚，做强做大，进而辐射、覆盖、引领周边市场，带动全盘。同时，优质的经销商是市场表现的晴雨表和消费者反馈的收集器。以好商、大商为触角，郎酒将"探测器"伸向市场，触达消费者，全面掌握消费者体验信息和市场运转变化，及时调整策略，对症下药，突破提升。

近年来不断有优秀的好商、大商走进郎酒庄园，为郎酒发展献言献计。真正走进郎酒，亲身体验郎酒品质和酿造过程，感受庄园的震撼及郎酒人的踏实肯干，他们便会更加确信，郎酒是一个值得信任的品牌，一个值得长久合作的商业伙伴，一个可以为之努力、共同奋斗的事业。

勾调的乐趣

66

可 塑 性

北京 尹茜

因为工作的关系，每年都会来成都参加春季糖酒会。2020年春季糖酒会因为疫情原因暂缓举行，所幸在2021年恢复。时隔一年，我再次来到成都，与以往不同的是，这次来成都，不仅参加了春季糖酒会，还到泸州参加了郎酒庄园的三品节。

从城市概念来说，泸州不算一个大城市，其下辖的古蔺，也只是一个古老而不起眼的小县城。但是郎酒庄园之行，却实实在在让我惊艳。恢宏的建筑群，宏大的光影秀，真的是美轮美奂，震撼人心，这种别出心裁的品牌传播方式让我感到惊喜。

在各路名酒云集的成都，糖酒会期间各品牌争奇斗艳，不同品牌文化与展位创意交相辉映，通过不同方式吸引着参会客商，但若论2021年的投入之大，品牌创意之新，最夺目的一定是郎酒。在当下的各白酒品牌中，郎酒在创新性方面，无疑是行业的翘楚。尤其是不久前青花郎刚发布的新品牌定位，全新升级为"赤水河左岸庄园酱酒"，向外界传递出郎酒的信心和追求。郎酒极具个性化的突破，让我看到了未来白酒企业发展的可塑性。

酱酒热还在持续升温，郎酒的发展也很好，但是我希望郎酒能够继续居安思危，在严把品质关的同时，正确处理好产能和需求之间的平衡，重视渠道建设，利用庄园打造真正的行业酱酒消费热。守正创新，行稳致远。作为一个郎酒粉丝，我相信，在郎酒公司"三品"战略的统领下，郎酒必将迎来新的发展机遇，突破旧格局，开创新世界，企业更上一层楼。

中国郎注疏

郎酒之魂

2020 年，郎酒集团董事长汪俊林发布郎酒"品质、品牌、品味"三品战略，定调"郎酒三品是郎酒之魂、庄园之魂，郎酒庄园为郎酒三品而生"。他表示，2019 年郎酒全面实施和升级的品质工程建设，成果丰厚。作为郎酒品质战略的生态载体和核心发展引擎，郎酒庄园预计将在 2023 年全面竣工，成为白酒爱好者的向往之地。

茅台镇至二郎镇 49 公里的赤水河谷，是中国顶级酱酒的核心产区，占地 10 平方公里的郎酒庄园是郎酒"生长养藏"的独特载体，是郎酒"生长养藏"的生动体现。"三品"是郎酒庄园的灵魂，极致品质、极致品牌、极致品味，加上郎酒庄园之美，将形成独一无二的郎酒和与茅台各具特色的文化与风格。

郎酒邀请白酒爱好者、郎酒会员、郎酒经销商及全国白酒专家来到郎酒庄园，与郎酒的技术队伍一起，参与口感研究，创造极致美味，提高郎酒品位，让郎酒口味美、包装美、文化美。

此外，每年 3 月，郎酒将在郎酒庄园举办"郎酒庄园三品节"，奖励对郎酒三品提升有突出贡献的各界人士。

　　十年树木百年树人，郎酒人悉心种下品质的种子，郎酒品质大树必定枝繁叶茂，郎酒品质森林必定参天拔地，筑成郎酒大业的绿色长城。

首届郎酒庄园三品节颁奖典礼

67

兼香滋味

四川成都　钟琦

　　知道小郎酒，还是因为看《中国好声音》，当时买酒送杯子，我觉得这么便宜，酒能有多好。谁知道喝完以后就打脸，它口感绵甜、细腻，非常好喝。那天和老公火锅没吃太多，酒倒是一人喝了三瓶……为此，当时我还特意写了一篇测评，酒不在贵，重在品质。随后，我查阅了相关资料，便理解了小郎酒为什么这么喜人：

　　首先，小郎酒基酒采用酱、浓分型发酵生产和特殊储存的方式，实现了基酒工艺创新；其次，小郎酒采用传统酱香生产工艺生产、多年储存的酱香陈酒、香气优美的多粮浓香、口味绵甜的单粮浓香等进行酒体设计，实现了酒体设计创新；第三，小郎酒酒体上对各种酸、酯、醇、醛、酮等香味物质进行完美搭配，以达到最佳的口感平衡状态，形成一个和谐复合香气体系，使产品幽雅舒适、绵甜净爽，实现了香味物质成分的搭配创新；第四，小郎酒后期采用特殊处理技术，在加冰或混饮而不改变酒体的基本风格和属性上，让产品有了更多的饮用方式。

　　因为小郎酒，这些年我也开始关注郎酒。我特别喜欢小郎酒"有滋有味"对待生活状态的品牌主张，它让人喝得既有面子又有里子，希望小郎酒一如既往，越来越经典。

纯粮兼香　小瓶白酒

"无酒不成席"，这句俗语充分说明了白酒自古以来都是最好的社交润滑剂。伴随着健康饮酒越来越被人们所重视，"喝好一点，喝少一点"已经成为大众更为奉行的消费观。正因如此，小酒市场持续火热，也成为酒企们的必争之地。

浓头酱尾、兼香和谐、纯粮酿造是小郎酒的一大卖点，小郎酒自2005年推出以来，以独特的口感和亲民的价格，引领着小瓶白酒消费潮流，常被消费者称之为"小酒王"。

从"全国热销的小瓶白酒"，到"小郎酒　大品牌　浓酱兼香型小瓶白酒"，全新定位既传递出在郎酒母体的千亿品牌价值背书下，强化夯实中国小瓶白酒第一品牌的市场占位和排头兵效应，也折射出小郎酒在郎酒三品战略"品质、品牌、品味"的总指挥旗下，强化品质标签，做强品牌影响，专注浓酱兼香型白酒的品质工艺，做大兼香的决心和信心。

"郎酒打造兼香型产品的目的是为了将浓香、酱香的优势相结合。"郎酒集团董事长汪俊林不止一次表达过郎酒对兼香产品的展望和信心，"从2020年开始，郎酒就坚定布局'大兼香战略'，掀起市场的兼香热度。"

小郎酒正是采用郎酒独有的"浓酱兼香型白酒生产办法"专利技术，运用两步法精心酿制而成，浓酱兼香，独具特色，被业内人士称为中国白酒浓酱兼香型代表。

2019 年《中国好声音》决赛演唱会

　　"风头不会永远存在，兼香型白酒存放时间长，成本高，只有品质最好的才能生存下去。"汪俊林董事长认为，未来，兼香型白酒会是主流，但无论香型如何变化，品质是先行的，"郎酒，有这个实力。"

祝 愿 _{第四章}

万千热爱　汇成万千祝福

诗酒趁年华

愿百年郎酒

生生不息　代代相传

愿每一滴酱酒

幻化为一只只飞鸟

翱翔其羽　直上九霄

君寄郎天上人间

郎伴君九州同行

68

像大地一样长久

中央广播电视总台节目主持人，《朗读者》节目制作人、总导演　董卿

　　我用鲁迅文学奖、茅盾文学奖获得者毕飞宇先生《大地》中的一小段，表达我对郎酒的敬意和感谢。为什么选择《大地》呢，因为我觉得大地是一切的根本，酒从哪里来？从土地里来！希望郎酒的事业像土地一样，坚固、长久！

　　大地是色彩，也是声音。

　　这声音很奇怪——你不能听，你一听它就没了，你不听它又来了。

　　泥土在开裂，庄稼在抽穗，流水在浇灌，这些都是声音，像呢喃，像交头接耳，鬼鬼祟祟又坦坦荡荡，它们是枕边的耳语。麦浪和水稻的汹涌则是另一种音调，无数的、细碎的摩擦，叶对叶，芒对芒，秆对秆。

　　无数的、细碎的摩擦汇聚起来了，波谷在流淌，从天的这一头一直滚到天的那一头，是啸聚。

　　声音真的不算大，但是，架不住它的厚实与不绝，它成巨响的尾音，不绝如缕。尾音是尾音之后的尾音，恢宏是恢宏中间的恢宏。

　　大地在那儿，还在那儿，一直在那儿，永远在那儿。

董卿讲述与郎酒的故事

郎酒是对未来有着敬畏的，无论是吴家沟生态酿酒区今天的落成，还是郎酒庄园，我们感叹于它的格局和它的气魄，它不是一朝一夕建成的，它的发展也不是一朝一夕的，它的留存也一定不是一朝一夕的。郎酒追求的品质、品牌、品味跟《朗读者》的理想是一脉相承，不谋而合的，这就是《朗读者》和郎酒之间的缘分。

（根据董卿在 2020 郎酒重阳大典活动上的发言整理）

中国郎注疏

长期追求

坚守酒业不动摇，坚守品质不动摇，坚守品牌发展不动摇，坚守诚信不动摇，以长跑心态壮大郎酒事业。

2021年9月18日，由青花郎独家冠名的《朗读者》第三季终于在阔别三年后迎来在 CCTV-1 开播。北斗导航系统副总设计师杨元喜、全国先进工作者张桂梅、残奥会领跑员徐冬林、著名作家莫言、国测一大队的郁期青，这些行业代表的人生经历和真挚饱满的热情朗读让许多网友发出"首期节目太好哭"的观后感。节目刚刚首播，有关"青花郎《朗读者》"的主话题阅读已增量3.8亿，全站相关话题阅读量14.6亿，视频累计播放量超7000万，节目迎来开门红。

近年来，在市场、用户的多重推动下，综艺节目迎来井喷式的爆发，各类节目层出不穷，但开播即在喧闹中销声匿迹的节目也不在少数。青花郎《朗读者》能在众多节目中突出重围，受到广泛关注和如潮好评，自是有过人之处。节目爆火的背后，是青花郎与《朗读者》二者之间高度的品牌契合和价值共鸣。

作为中央广播电视总台的大型文化类节目，《朗读者》自2017年首季播出后就热评如潮，成为电视综艺节目的一根标杆、一股清流。2018年第二季回归，收获了更为热烈的好评和关注。但担任制片人的董卿，却并未趁热打铁地立即推出第三季，而是在节目正当红时选择慢下来。央视主持人撒贝宁和康辉就透露过，董卿为了这档节目，付出了她的全部心血，晚上加班是家常便饭，言谈之中对这位女同事既有钦佩更有尊敬。

首季节目因为远超预期，曾给了董卿许多信心和鼓励，她认为在真人秀或纯综艺节目霸屏的今天，观众需要这样的文化风向标，但同时也对节目提出了更高的要求。很多人都问过董卿相同的问题：为什么停了这么长时间？为什么没有按照规律每一年做一季？身为制片人，董卿感叹，文化类节目很难做，它需要更精心的设计。做季播节目，更是一季比一季难。她坦言自己没有准备好，还没有能拿出比前两季更好的节目，因为不让大家失望比节目热度更重要。

在节目热播的背后，是鲜为人知的极致付出。首期青花郎《朗读者》中，呈现出的董卿与嘉宾们的几分钟访谈，背后其实是《朗读者》团队长达几个小时的聊天采访素材。这期间还不包括嘉宾的多次邀约与拒绝，导演的三次前采，董卿与嘉宾几个小时的采访拍摄，再到人物短片拍摄、朗读亭、片尾曲的拍摄，以及后期的剪辑……极致节目呈现背后，是极致的付出与努力。

而郎酒作为极致品质的追求者，一直秉持着"正心正德，敬畏自然，崇尚科学，酿好酒"的品质战略，坚守酒业不动摇，坚守品质不动摇，坚守品牌发展不动摇，坚守诚信不动摇，以长跑心态壮大郎酒事业，以匠人之心酿造好酒，其追求的品质、品牌、品味，跟董卿精益求精的性格以及《朗读者》的节目理想一脉相承。

从郎酒耗时十余年建设世界级的郎酒庄园，9年打造吴家沟生态酿酒区，到酱酒热风头下酱酒品类快速发展给酱酒企业创造了巨大财富的时候，坐拥4万吨酱酒产能的郎酒，却坚持慢销售、快生产、快储存的"一慢两快"、品质至上和长期追求，为充分保障产品的高品质和稀缺性，在 2020 年做出酱酒限量销售 1.2 万吨，此后每年增加 1000 吨的决定。青花郎，作为郎酒的头部高端产品，更是郎酒极致品质的最佳典范。

青花郎冠名《朗读者》，一个是极致品质的追求者，一个是经典文化的朗读者。品味经典，郎朗上口，声声入耳，久久于心，是青花郎和《朗读者》的共同追求和目标。可以说，《朗读者》的热播，既得益于央视和青花郎强大的品牌影响力，同时还有二者对追求极致的价值表达和体会世间温情，聆听时代涛声的时代契机和精神共鸣。

"十年品牌靠营销，百年品牌靠质量，千年品牌靠文化。"对企业来讲，文化才是一个企业保持长久活力的根基。郎酒的文化就是品质文化。多年来，郎酒一直坚持品质追求和长期追求，将文化作为发展之基，以实际行动去推动品牌传播，郎酒正在开启中国白酒文化新表达时代。

69

天命所在

中国诗歌学会副会长、著名诗歌评论家、诗人 唐晓渡

这两天在郎酒庄园享受着吃住行勾（调）观（看）一条龙的顶级服务，深有感触，深感诗歌与酒，其本质是相通的。

酒，是从自然转化为人文的一个最自然的过程，一粒粒生长于原野的粮食，通过发酵、蒸馏等方式，化为琼浆，变为世人最得意的享受，这份转换，何其神奇。诗歌，把人性深处的语言表达，从不可言说的内部情感转化为最自然又极尽华美的方式并呈现出来。两者，都是一种极其考验天赋的转换。

好酒比拼，除了天赋之外，就是练，就是比拼 99% 的汗水。秉承传统酿艺之美，练就品牌匠心，郎酒在这两点上已经做得很好。然而对于好酒而言，除了天赋以外，还有一种天命，郎酒所在的赤水河二郎滩及郎酒庄园，就是这样的天命所在。这里得天独厚的自然条件，加上因地制宜建成的郎酒庄园，把赤水河谷的酿酒优势充分发挥，加上郎酒人的匠心积累，这样的环境下生产的美酒，想不美都难。

最近 20 年间，我也曾数次去参观东部的一个知名酒企。最开始，这家酒企严格按照传统的老方式生产，车间里大皮裙来回穿梭，大木锨上下翻飞，工艺流程十分传统，但是酒质很不错。最近几年

再去，干净的流水线式的车间已经占了绝大多数，酒的产量呈几何倍数，但于我个人而言，更怀念以前的味道。

郎酒却将这种对传统的酿艺坚守，一直传承了下来，没有因为时间而减弱，没有因为追求利润而忽略。郎酒人对自然的尊重和敬畏，已经深入到肉眼可见的细节。在酿酒车间，郎酒人孜孜不倦地追求每一粒高粱的完美发酵；在庄园，郎酒人依山而建，让建筑与自然融为一体，为防止滚石和泥石流，设置了大量的防护网，其中连螺丝钉都是经过专门设计的，心细如此，郎酒庄园怎能不是一件艺术品，郎酒又怎能不是一件艺术品？正是这种对自然的敬畏，对天命的尊重，是郎酒长盛不衰的内在基因所在。当人类敬重自然，保护自然的时候，自然，才会回馈人类以恩赐。

对于未来的发展，希望郎酒能搞一个俱乐部，把懂酒的、爱酒的、能写酒的人聚集在一起，共同感受郎酒，探讨郎酒，以酒激灵思，以墨记酒韵，把对郎酒的美妙享受和文化意境通过互补的方式展现出来。

在产品细分上，可以出一些口感更柔和的酒，今天中国的消费层还在发育，还有很大的市场空间，市场的需求也是越来越多元化。在高端的产品上，郎酒应把艺术精神、诗歌精神融入产品，突出郎酒的品质主义和绿色发展概念，郎酒的市场发展一定会更好。

说一个插曲，在昨天的勾调体验活动上，欧阳老师很得意他自己勾调的作品，但是我觉得这样的酒，更适合女性饮用。今天的女性在商界、政界的地位越来越高，喝酒的频次也多了起来，但是目前郎酒的产品还是以男性的口味风格为基础，未来可以适当增加特色的柔和性产品，满足女性消费者的需求。

有天赋，有天命，郎酒具备了一切成为高端品牌的基础，相信未来的郎酒发展，一定会越来越好。

（根据唐晓渡在郎酒庄园"怎样把诗意和

美好酿进酒里"座谈会上的发言整理）

中国郎注疏

长　跑

　　好酒比拼，除了天赋之外，就是练，就是比拼 99% 的汗水。郎酒坚持传统酿艺，练就品牌匠心，没有因为时间而减弱，没有因为追求利润而忽略，赢得了无数消费者的认可，这源于郎酒以长跑的心态壮大酿酒事业。

　　做企业，不是短期行为，坚守很重要，有了坚守才能壮大，所以是长跑。汪俊林董事长号召郎酒所有人：脚踏实地，做挑战自我的长跑者，牢记"坚守、壮大、长跑"六字。

　　耗时 14 年，初步建成郎酒庄园；青花郎的主体基酒年份已达 7 年……郎酒在生产和经营的过程中，处处彰显着长跑的理念。

　　汪俊林董事长曾经说过，郎酒的目标，是要做百年、千年老店，这将是一场马拉松式的长跑。郎酒的竞争对手是自己，我们对标企业，学习别人的优点。我们重新匹配资源，提高品质，成立品质研究院，把第一车间设在农田，从原料抓起，打造郎酒庄园，让"生长养藏，天地仁和"成为郎酒独特的酿储工艺，确保品质更优。

　　因此，质朴的郎酒人世世代代坚守在二郎滩，遵循古法，恪守自然，匠心精酿，历经赤水河谷的熏陶和洗礼，为消费者奉献最纯正的酱香白酒。

新时代消费升级，人们更加坚持品质消费理念，追求绿色、健康、品质的生活方式。郎酒人将锐意进取，埋头苦干，坚守、壮大、长跑，满足人民美好品质生活需求。

郎酒坚信，酿酒事业就是长跑，耐着性子跑，总会跑赢。在长跑中，郎酒人耐得住寂寞，懂得控制欲望，控制合理的发展速度，长跑的同时盯住一个城墙口，不断冲锋，成功必将属于郎酒！

酒是陈的香

70

艺术化

鲁迅文学奖得主、浙江省作协副主席、著名诗人 荣荣

　　本次郎酒之旅，我们见证了郎酒的酿造过程，亲自参加了勾调的体验，喝到了自己勾调的美酒，这是一种前所未有的体验，也是在这个过程中，我充分感受到了郎酒的"品质"和"艺术"。

　　从"品质"而言，我们亲见了郎酒的酿造过程，对其质量管理有了眼见为实的认知，对于郎酒的品质更加信任。汪俊林董事长说郎酒是有生命的酒，这其实也是对郎酒品质的另一种表达。

　　从"艺术"而言，艺术是一个内涵极其丰富的词，用最通俗的话讲，艺术就是要和普通有所区别，也就是与众不同。郎酒的与众不同，在于其基本的品质、一流的酿造工艺、精益求精的质量管理，从而与普通的酱酒相比，郎酒的品质"与众不同"。另一个层面，虽然郎酒和对面的茅台、习酒等企业都共享赤水河资源，和泸州老窖在地理位置上也很近，但是风月虽同天，山川有异域，各自的微观环境，成就了不同的美酒风味。这种底色的不同，也是郎酒未来实现"艺术化"表现的基础所在。

　　极具"艺术气息"的郎酒，需要用更"艺术化"的形式表现，彰显其文化格调，除了当下的电视广告、品鉴会等，未来还可以增加主题摄影展、带郎酒打卡神州山河、举办郎酒主题音乐会等形式，通过"看"与"听"的多元艺术形式，传播郎酒的魅力。除了具体的艺术跨界合作，郎酒还可以多关注艺术背后的创作者，开展定向的艺术慈善，比如给年轻、残疾艺术家进行资助并与之合作，帮助他们提升艺术创作的空间，多创作一些好的作品，最终把这些作品汇总到郎酒，定期做一个艺术展。

酒庄的发展，不仅在于自身对自然山川的借势，也不仅在于对酿酒技术的精益求精，更深层次的动力，在于对文化元素的提炼与发散。国外酒庄在这方面已经进行了很多有益的尝试，值得郎酒借鉴。比如国外酒庄特别热衷和画家、雕塑家等合作，开发联名产品，互相借势。中国现在的经济越来越好，对于"艺术"，爱好者和市场需求也在与日俱增，让酿酒艺术的郎酒参与到更多的"艺术合作"中，以"艺术"话题助推郎酒品牌发展，未来一定有较大的合作前景。

一个多元化的市场，需求必然是多样的。最后，祝郎酒带动中国酱酒行业的发展，改变市场一家独大的局面，让市场百花齐放，各擅其芳。

（根据荣荣在郎酒庄园"怎样把诗意和
美好酿进酒里"座谈会上的发言整理）

中国郎注疏

品味战略

诚如作者所言，郎酒极具艺术气息，而艺术气息则可以彰显郎酒的文化格调，也就是提升产品的品味。"品味"是三品战略中的重要组成部分。自古诗酒不分家，在中国传统文化里，白酒是高雅品味的象征。

践行品味战略，郎酒牵手央视，青花郎独家冠名的《朗读者》《经典咏流传》，秀出了郎酒的品味，也秀出了郎酒的深厚文化底蕴。和《朗读者》《经典咏流传》一样，郎酒是极致品质的追求者，以匠人之心酿造好酒，其追求的品质、品牌、品味，与节目的理念一脉相承。

郎酒依托赤水河酿酒文化底蕴，将极具中国文化特色的诗酒元素提炼发展。2021 年重阳下沙期间，青花郎与《人民文学》签署战略合作，相约于每年重阳和年末携鲁奖、茅奖、骏马奖及获得重大文学成就的资深作家与新晋作家到郎酒庄园采风，并于次年 3 月在郎酒庄园举行颁奖典礼。用文人们最擅长的以诗酒文化浸润庄园山水的方式，让诗歌艺术与白酒文化完成创造性转化。

诗人们通过诗歌，透过丰富的文艺作品诵读、对话和创作，让外界感知时代脉搏，铭记时代故事，弘扬时代精神。这无疑能够让白酒爱好者用更加直观的形式感受到郎酒的极致品味。

以"文化名人＋诗酒文化"的方式让郎酒焕发新的面貌，两大元素的充分结合也让郎酒的酿造工艺得以扩散：大自然厚爱的郎酒在深度诠释"生长养藏"的独特秘诀、持续打造郎酒庄园的同时，传递出的是中国顶级酱酒的核心产区优势，赋予的是郎酒的极致品味。

71

酒比人长久

四川作家协会理事　金平

位于河谷山岭间的郎酒，远离城市的繁华，也少了工业的污染，虽然交通不方便，但也保证了生态的自然，进而保证了郎酒品质。

赤水河左岸，郎酒庄园拔地而起，相应的配套服务和产业规划也按部就班地进行，这是郎酒人的干劲和创造性使然。正是这份干劲和创造性，才有了郎酒今天的辉煌，才有了郎酒庄园的建成，也奠定了郎酒未来腾飞的基础。

参观中，我有幸第一次去了天宝洞。天宝洞名气很大，以前我见过很多搞摄影的朋友拍的照片，但是照片和身临其境的感觉还是差了很远。一遭走下来，和很多同行的感觉一样，除了震撼，还是震撼。

我就想到了三句话。第一句，是关于诗人的。诗人写诗，追求的是诗比人长久。第二句，是关于郎酒的。作为酒厂来说，希望酒比人长久，存得更久价值更高。第三句，是关于出版的。出版、印刷、文学创作等，追求的是书比人长久。时光的长河奔流不息，我们只是其间的沧海一粟，惊鸿一瞥，只有注入了精神的产物，才可以长久地存在和流传，比如茅盾文学奖的许多作品，岁月在流逝，但作品的魅力，永远在流传。

诗、酒、书，其影响都比人长久。郎酒很早就意识到文化营销的重要性，已经出版了至少两本关于郎酒的书籍。但是现代人的时间越来越碎片化，静下来读书，或许对很多消费者来说已经难以实现，建议郎酒未来可以将书籍的内容碎片化，以适应大众阅读习惯的变化。比如在郎酒包装盒里，放两张书签，一张是古代诗人的经典诗句，另一张是现代讲郎酒的诗，后者甚至可以以手稿的形式出现。这样消费者在打开郎酒包装的时候，就能从书签中，感受到中国酒文化和郎酒的独特魅力。

任何事物的发展，都必须尊重客观的自然规律，今天的赤水河水量，比红军四渡赤水时下降了五分之四，企业的盈利重点必然从产量的增加转向提高单品的附加价值，因此文化营销的重要性不言而喻。

郎酒可以利用自身的特色，对"郎"字做深度挖掘。郎，可以理解为好儿郎，有一部反映对越自卫反击战的小说——《男儿女儿踏着硝烟》，这里的男儿女儿，就是中华的好儿郎，神采飞扬中国郎。再者"郎"是郎酒人姓名，头上的一点，是琼浆玉液，最后的一竖，是郎酒锐意突破的代表。深度挖掘郎酒的"郎文化"，提升郎酒文化营销空间，未来的市场必将更加广阔。

（根据金平在郎酒庄园"怎样把诗意和
美好酿进酒里"座谈会上的发言整理）

酿好酒

　　酒是陈的香，一年一个味，作为郎酒来说，希望酒比人长久，存得更久品质更高。要实现酒比人长久，则需要酿出的酒本身就具有极致品质。"酿酒虽不易，但郎酒对传统工艺的坚守矢志不渝、对品质的追求矢志不渝。"2021年汪俊林董事长在端午制曲大典上说的这番话，仍时时在耳旁叩响。

　　事实上，端午制曲、重阳下沙、两次投粮、九次蒸煮、八次发酵、七次取酒等工序，仅仅只是酱香郎酒酿造的第一个阶段，由于其取材皆源自赤水河流域的酱酒黄金产区，因此，郎酒人将其总结为"生在赤水河"。

　　除此以外，酱香原酒还要经历"长在天宝峰""养在陶坛库""藏在天宝洞"等环节，在不同的储存环境中，接受时间的洗礼。

　　郎酒对品质的追求没有止境。坚守传统工艺的同时，郎酒还拥抱科技。为此，郎酒专门成立了品质研究院，用科技为郎酒品质赋能。一方面从粮食种植、制曲、酿造等各个环节提升酒体品质，另一方面不断展开与外界科研机构的合作，引入传感器、机械臂等设备，推动酒体品质稳定性的提高。

　　美酒难得，郎酒人始终秉承"正心正德，敬畏自然，崇尚科学，酿好酒"的精神，对酿好酒怀虔敬之心，用美酒为消费者美好生活助力。

金樽堡是郎酒庄园的璀璨明珠

72

工匠精神

著名诗人　王自亮

所谓匠心，就是心细如发，敬畏自然，把平凡的事情做到极致，把不可能的事做到可能。此次郎酒庄园之旅，让我对于中国品牌的工匠精神，有了最直观的理解。

在天宝洞中，陈列着一排排 20 世纪的陶坛，如士兵方阵一般，静默无语，却又巍然成势。这种气魄，是一种用万千文字都难以表达的敬意。时光，仿佛在天宝洞中停滞，任世界熙熙攘攘，这里岿然不变，只留下时光的流线，无形地、默默地萦绕，牵动美酒的细胞，发生不可思议的神奇变化。蓦然间，我想到诺贝尔获奖者奥克塔维奥·帕斯曾写过一首诗《乌斯蒂卡》，他写道："沉睡在坛子中的酒的模糊的躯体，是一枚更暗更凉的太阳……"是的，这一个个陶坛，孕育的就是一个个等待破晓的太阳，等待一个时机，绽放出醇香的美酒。

郎酒的酿造过程是一个漫长的旅程，有三部震撼史诗贯穿其中：一是四渡赤水美酒劳军的红色史诗；二是经年酿造累月储存的白色的史诗；三是大力保护生态环境的绿色的史诗。

（根据王自亮在郎酒庄园"怎样把诗意和
美好酿进酒里"座谈会上的发言整理）

务 实

参观郎酒庄园，让作者对中国品牌的工匠精神有了更深的理解。工匠精神也是务实的折射，投入巨大的财力物力，历时十余年，打造郎酒庄园，对每一个细节进行精心雕琢，这不仅是工匠精神的体现，也是郎酒务实的体现。

务实，是郎酒提倡的企业文化。作为一家企业，务实比想象中要困难得多。变化总在时刻发生，即使以不变应万变，要确定坚持的方向不改变，也不是轻易可以断言的事情。

面对纷繁复杂的外部环境，郎酒发布"品质、品牌、品味"三品战略，把外部的变数减到了最少。一个确凿的声音，清晰可辨：要奖实力、办实事、讲实际。

言必行，行必果。郎酒布局三品战略，每年投入数千万元奖励技术人员，打造"郎酒庄园三品节"，并且从运营转型、团队转型、商家转型三方面驱动，让管理运营更加具备宏观思维，做好顶层设计，切实解决市场问题；重视团队工作的素质、能力、效率。

汪俊林董事长认为，酿酒乃匠作之道，凝聚匠人之力。只有秉承匠心，才能酿出好酒。在务实的理念下，郎酒坚持狠抓品质，在规模化、精确化生产上运用了大量科学方法，也保留着传统的酿酒法则，坚持优选当地米红粱、优质水源、窖泥、酒曲，恪守酱香白酒传统酿造工艺，严格遵循自然规律，端午制曲、重阳下沙，历经"12987"，酿造周期长达一年。

得天独厚的自然环境、严苛的用料选材、千年传承的酿制技艺，应天而成的独门秘籍，再加上务实的理念，成就了郎酒的极致品质，也成就了郎酒在酱香白酒中和茅台各具特色的地位。

蒸汽腾腾的两河口酿造车间

73

端午里的郎酒

北京师范大学特聘教授、著名诗人、书法家　欧阳江河

因为工作的关系，这些年去了不少的酒厂和酒庄，最让我叹服的，还是这次端午时节的郎酒庄园之旅，感受郎酒勾调技术，体验郎酒端午制曲。青山绿水和郎酒的绝妙风味深深震撼了我，"鸿运当头"给了我堪称惊艳的味觉体验。

郎酒之美，美在郎酒的企业匠心。很多企业把匠心挂在嘴上，但郎酒干在实处。赤水河沿岸拥有天然的酿酒优势，建厂酿酒容易，但是以科学规划为前提，以生态的和谐为核心，以未来的发展为方向建立起一个需要巨资打造的酒庄，实现绿色酿酒，科学发展的，唯郎酒矣。匠心，同时也是郎酒的企业文化核心要素之一，参观过程中，与高层交流，观察普通员工，耳目为证，郎酒这家企业，实实在在是把匠心融入到了细节里。

郎酒之美，美在郎酒庄园，我去过全世界二十多个酒庄，相比而言，郎酒庄园在当代性、建筑、生活方式、光线等细节方面，做得相当好。声光电结合，将艺术的创举融入到了酒庄中。酿酒虽然是传统的产业，但郎酒庄园在依托传统的同时，又不囿于传统，融入了世界上很多现代文明的精华，从而成就了一座前无古人的白酒庄园。

当城市里的很多人，在为 996、上下班通勤而焦虑的时候，郎酒人，却已经在青山绿水中打卡上班。白天，有山川美景，夜间，有灯光绮秀，这种幸福，是生活在城市的人无法企及的。在这种愉悦的心态下酿酒，酿出的酒，必然也是香醇的美酒。

美酒生于青山绿水，亦醇熟于郎酒庄园。郎酒庄园已经成为展示郎酒文化的平台，我希望郎酒能充分利用好这个平台，利用好庄园的青山绿水和灯光秀，通过消费者最能直观感受的方式，以庄园为基础，用可见、可听、可感的艺术形式，展示郎酒形象，把郎酒的品牌传播，塑造成 21 世纪中国酒业品牌发展的经典案例。

（根据欧阳江河在郎酒庄园"怎样把诗意和
美好酿进酒里"座谈会上的发言整理）

中国郎注疏

端午制曲

在端午节参观郎酒庄园，感受端午制曲，对作者来说，是一次绝佳的体验。而对于郎酒来说，端午制曲则是一年酿酒的开篇。端午制曲，重阳下沙，这是郎酒人千百年来找到的酱酒酿造的绝佳法门。端午时节，气温升高，万物勃发，微生物群落繁殖活跃，正是制作酒曲的好时节。顺天应时，遵循古法，端午制曲祭典，是郎酒人对传统工艺的恪守与传承。

曲乃酒之骨，好曲出好酒。酒曲在酿酒过程中起着十分关键的作用，酒曲的优劣，则直接关系着基酒的品质与风味。

无经验，难制曲。工人们熟知，在天时地利环境下踩成的曲块，需要被放进高温曲药仓房，在数月的时间内慢慢发酵。为保证每一块曲块都能发酵平衡，存放期间要不断观察曲块各个面的发酵程度，进行三次翻曲、拆曲，最后再转入成品曲仓库储存，如此，才算真正完成了"端午制曲"。一块好曲，看似简单，其背后的工夫，才是成就好曲的关键。

地处赤水河中游峡谷中的郎酒庄园，四周崇山峻岭，日照时间长，雨量充沛，夏季湿热程度远超其他地区，尤为适合空气中的微生物生长繁殖。酒曲网罗到的微生物越多，酱香前驱物质就积累得越多，酱香的层次感就益加丰富。端午制曲，从根本上保证了酒曲可网罗微生物的多样性。

生长养藏，四时有序，端午制曲，是郎酒新一年酿酒盛事的序曲。由此为发端，从麦香、曲香，到粮香、陈香……粮食与酒曲、微生物相互作用，在漫长的时光中互相吸收、互相转化，最终被雕琢出陈香，并让工艺赋予了活性，绽放出另一种美。端午制曲，只是郎酒新一年酿酒盛事的序曲。由此生成酱香因子为发端，郎酒独特的"生长养藏"酿储大幕缓缓拉开。

酿酒序曲

74

时间沉淀一首诗

中国诗歌学会驻会副会长、著名诗人　刘向东

　　我年轻时就开始喝酒，从酒龄来说，当得一个"老"字。喝了这么多年，从我的亲身感受来说，郎酒，是好酒。

　　这次很荣幸能来郎酒庄园参观，这是一趟超越我预期的美好旅程，这里有孕育美酒的山川，这里有酿造美酒的匠人，这里有天下无双的白酒庄园，这里有人与自然和谐相处，共酿美酒的经典。

　　在天宝洞山顶的时候，清风拂面，山川极目。我内心也泛起很多思考，最重要的一点，是再次感受到酒和诗的一致性。第一，二者都是人类追求自由之路的方式。喝酒，是通过身体的愉悦进而达到内心的释放，寻求自由的道路上，两者是一致的。第二，两者都是由外而内、由表及心的创作之路。至高的境界，是朴素和臻醇。

　　天宝洞中的那些酒坛，耐得住时间的寂寞，不慕繁华，沉心转化，这是真正酿酒匠心的体现。看到这儿，我不禁反思自己，诗歌的创作需要花时间去酝酿，去沉淀。但是现代快节奏的生活和工作，有时候已经忘记了写作的本心。创作不是码字，而是自己与灵魂的对话，如同酿酒，不仅仅是流程化的发酵蒸馏，更是需要时间与匠心去呵护。

参观完天宝洞后，我顿时有了写诗的冲动，但是这次，我并不着急，我要将高粱带回去，将郎酒的酒香带回去，不急于完成作品，只沉浸于内心的对话，回到追求不忘初心，方得始终的意境，再慢慢酝酿一首关于郎酒，关于诗歌，关于我们自己的好诗词。

好酒需要时间来酝酿，好酒也需要懂酒的人欣赏，我不敢想象，这个世界如果没有了酒和诗歌，是多么地无趣和乏味。假如世界上没有酒，会和没有诗一样，社会照常运转，但是结果不太一样，精神世界是匮乏的。喝好酒，读好诗，世界会有更多的可能性。当人还有梦想，人心还有秘密，精神就还有出路，人生就有希望，我想在这一点上，两者非常一致。

郎酒应该组织一个郎酒会，或者是郎酒诗酒会。利用诗歌作品，去传播郎酒的文化和品牌。这一点，行业内早有先河，赤水河对面的茅台已经从二十多年前就开始做了，日积月累下，产出的作品影响力比广告更大，这是成功的案例，值得郎酒借鉴。

对于未来的发展，郎酒应该有一定的"留白"。如今的赤水河两岸，企业满满当当，已经无处插针。从可持续开发的角度而言，郎酒应该为企业的后续发展，预留出足够的"留白"，让品牌发展的后续阶段，有可以施展的舞台和空间。

物流是影响企业发展的重要因素，交通便利优于古蔺地区的企业比比皆是。从长远计，古蔺地区也应该规划自己的机场，为郎酒的后续发展提供更完善的交通服务。

对于产品规划，郎酒目前主要集中在高端产品的升级和推广，但是传统郎酒系列所主打的中端消费群，是郎酒金字塔的底座，不能轻易放弃。巩固这部分市场，让更多消费者感受到郎酒的好品质，也是为高端市场的开发，积累未来的消费人群。

（根据刘向东在郎酒庄园"怎样把诗意和
美好酿进酒里"座谈会上的发言整理）

中国郎注疏

四步储存

太阳东升西落，风雨四时交替，把光与热、露与汽洒照留存在中国西南蜀地赤水河畔的山谷之间。在灵气涌动、微生物富集的郎酒庄园，隐藏着郎酒"生长养藏"的奥秘。正如作者所说，好酒需要时间来酝酿，四步酿储法则是郎酒练就的独家养成术，在岁月洗礼中沉淀出郎酒非同一般的酱香经典。

新酒初生，热情却带着野性，储存是提升酱酒原酒品质的最佳方式。

天宝峰十里香广场，新酒以陶坛存储的方式，在大自然的日晒雨淋中淬炼驯化，酒分子加速运动，迅速减轻新酒的刺激与辛辣。

驯化后的原酒来到世界最大高山储酒峡谷——千忆回香谷，群聚集结。88 个并肩排列的巨型储酒罐，最大储存量达 5000 吨。这里存满的原酒若用来生产青花郎酒，全部装满后价值可达"千亿"。在千忆回香谷的集体生活中，原酒除去陈杂，日益柔化，慢慢成长起来。

接下来，酱香原酒来到室内陶坛库宁心养神，逐渐深沉、厚重下来。这一时期，酒体静置，口味逐渐醇厚、谐调、细腻、丰满，酒的品格与性情已然形成。

洞藏陈酿色如琥珀

　　修炼期满，已经醇化的优质酱酒进入全球最大天然储酒洞穴天宝洞，在恒温恒湿的独特天地里潜心修炼，酒体中决定香味的各种微量元素更加紧密地拥抱融合，慢慢老熟生香，成就极致品质的郎酒。

75

老酒粉丝会

山西　王先生

数据显示，2020年酱酒销售收入实现约1550亿元，未来10年，酱酒产能或达100万吨左右，产业收入将突破3000亿元。

这说明喝酱酒的人越来越多，酱酒产业在持续升温，这是郎酒等酱酒企业难得的机会。

说到山西，大家往往都会联想到醋和汾酒，但是作为一名山西人，我却更喜欢喝川酒，尤其喜欢喝酱酒。

在生活中，慢慢地成了一名"郎酒粉丝"。当年我结婚的时候，喝的就是红花郎，红花郎的喜庆气氛很适合婚宴。作为一名"郎酒粉丝"，我也一直期待能以"郎酒粉丝"的身份亲自去郎酒感受一下郎酒的文化，去感受下"郎酒庄园"的氛围。

在酒圈里，有许多酱酒藏家，他们不仅喜欢喝郎酒，还喜欢收藏郎酒，1980年的大字郎、存了20年的红花郎等。因此希望郎酒能定期举办一些收藏老酒的活动，增加大家的收藏机会，也提升大家的鉴别能力。

蜀中尽美酒，郎酒最香甜。要问何处寻，把酒问青天。郎酒的精髓在千年传承的酿制技艺，为郎酒注入了灵魂，郎酒的产品从老郎酒发展到红花郎、青花郎；再到小郎酒，可以看到郎酒在不断追求突破。而如今的庄园酱酒，可以看到郎酒的匠人匠心。郎酒在凭实力发展，希望郎酒的未来越来越好。

存新酒　卖老酒

从消费市场来说，近些年"老酒"因其兼顾收藏、品鉴、投资等多重价值，备受消费者推崇，逐渐发展为白酒行业的新蓝海。酱香型白酒独具的陈香型风味，尤其需要时间沉淀的特色已然成为老酒品类中优品，越来越多的郎酒粉丝也更加看重这类产品。

为记录对酿好酒的坚持、深度挖掘郎酒陈年老酒价值、建立郎酒陈年老酒收藏体系，郎酒联合老酒收藏家共同编纂了《郎酒收藏图鉴》；同时也举办了多届"老酒还乡""老酒拍卖会"等不同交流活动。如今年第三届"老酒还乡"，受邀老酒爱好者还把近400瓶天宝洞藏12年陈酿和20年陈酿带回郎酒庄园"溯源寻根"，郎酒加赠九九重阳纪念酒，形成专属礼盒封装，赠予老酒爱好者与收藏家作为活动纪念，赋予老酒新的生命和故事。

郎酒老酒互动的底气，来源于郎酒"存新酒、卖老酒"的企业法宝。

不同于浓香产品，酱香白酒对储存时间的要求很高，存放时间越长，品质越好、价值越高。以高端酱酒青花郎来看，一年的基础工序酿造出新酒后，需要历经不同阶段经年的储存，方能变成那瓶消费者手中的佳酿。

时间的成本，也是长久以来酱酒品牌的竞争和发展的壁垒。一家企业需要同时做到加大新酒产量，同时还要控制销售节奏，才能拉长基酒储存时间，从而增大老酒储量，确保更高端极致的品质。

郎酒自提出"酱香大战略"，同时打造世界酱香白酒的长远布局下，早就开始了"存新卖老"的实际行动。2020 年，郎酒将酱酒年销量控制在 1.2 万吨以内，以后每年增加 1000 吨，明确强调产存新酒，卖老酒，提升酱酒品质。

与此同时，历经十多年建设的郎酒庄园不断完善，五大生态酿酒区逐渐落成。郎酒吴家沟生态酿酒区·二期、红滩生态酿酒区投产后，郎酒高端酱酒年产能达到 4 万吨。随着该生态酿酒区建设的继续推进，预计 2022 年这一指标还将提升至 5.5 万吨。

2021 年，庄园内的高质量老酒储量已达 15 万吨。根据"存新酒，卖老酒""一慢两快"的产能、储能、销售匹配原则，再用 6—7 年时间可新增 15 万吨存酒。届时郎酒优质老酒储量就将达到 30 万吨。

30 万吨高品质老酒，是郎酒未来实现高质量发展的压舱石，预计未来两三年内，黄金河谷的资源开发将趋于饱和，这也意味着，郎酒已经具备了成为"与茅台各具特色"的酱酒品牌的实力。

76

送我上青云

四川成都　杜媛媛

　　我是个典型的"95后"女孩，不喝酒，与酒的故事，便是我和父亲的故事。家父爱酒，每餐均要小酌几杯，酒香伴随着我的整个童年。理解父亲沉重的爱与父亲对酒的情，是成年以后的事。

　　2014年，我高考失利，与大学无缘，迷茫之际的我根本不知何去何从。填报志愿的前一晚，父亲多喝了几杯，带着醉意对我说了很多，并劝说我再战一年。在"女孩子读这么多书干吗""听说很多人复读成绩还没第一年好""万一又考砸了怎么办"等诸多质疑声中，我开始了复读的生活。

　　放榜当天，父亲比我还紧张，烟抽了一根又一根。好在我并未辜负父母的期望，比第一年的成绩多了90多分，考上了重点本科。收到录取通知书以后，父亲大摆宴席，为我搞了一场隆重的升学宴。父亲兴高采烈地买了几箱郎牌郎酒，就是包装最经典的那一款。家中本就不富裕，支持我复读已经花了不少钱，说实话，我是一点都不理解父亲的这种行为。

　　大学毕业后，我终于鼓起勇气问了父亲，当初为什么要为了"面子"大设宴席。父亲的回答，我至今还记忆犹新："当初缴高费（择校费）让你复读，身边的人都反对，我真的很想向大家证明，我们的选择没错。"父亲还告诉我，让我复读也是希望我的"里子"更丰富。

父亲作为一个地地道道的农民，学历不高，也没读过什么书，但这番话却让我悟出了很多道理和最深的爱。自打那以后，我对郎酒这个品牌就有了粉丝滤镜。现在我已参加工作，每年过年回家，给父亲买礼物时，也会习惯性地选择郎酒。

我和郎酒之间的故事，藏着家父深深的爱，已成为我的情感寄托。我希望郎酒越来越好，父亲的身体也一如既往地健康。

中国郎注疏

价　值

做人，做酒，"里子"都很重要。对"里子"的投入，也是人生、企业最优质的一笔投资。

品质是郎酒高质量发展的最坚实底座。郎酒依托郎酒庄园实施"三品战略""C 端战略""长期追求"，为郎酒品牌注入了全新的文化理念和活力。

"2021 年中国 500 最具价值品牌"分析报告中，郎酒以 1216.85 亿元的品牌价值荣登本年度最具价值品牌第 53 位。

世界品牌实验室认为，郎酒作为中国白酒优秀品牌的代表，一直以来，在品牌塑造和精准传播方面颇具战略眼光和布局。郎酒坚持"品质、品牌、品味"三品战略，并且以时代使命为己任，在发展中确保"社会效益"和"经济效益"相统一，由此获得了行业内外的高度评价。

2021 年，郎酒品牌价值比 2020 年的 1005.12 亿元上升 21.06%，标志着郎酒在品牌前景、公众认知度及品牌影响力等维度均稳步提升。

以赤水河自然环境为基底，郎酒历时 14 年科学布局，规划建设 10 平方公里的郎酒庄园，这里生态环保，绿色发展，生产源于自然，企业融于自然，不因企业发展而破坏自然生态，企业与自然和谐共生，真正做到了可持续发展。

随着我国白酒品质不断提高以及品牌力度不断加强，中国白酒在海外市场占据的份额不断加大，高端白酒将成为开拓国外市场、提高中国品牌全球影响力的重要品类。

在这个浪潮下，郎酒将品质极致的追求一以贯之，将继续用高质量产品做品质文化与极致文化的传道者。

青云直上

77

扶摇直上

四川成都　朱海

七年前我开始创业，由于合伙人都是技术出身，性格尤为内向，我只能硬着头皮顶上，投笔从戎担起销售重任。

刚开始真是无头苍蝇似的，四处抱佛脚，天天请客户胡吃海喝，三个月之后我们一算账，顿时傻眼：利润基本都被请客消耗了。商议之后，我们决定理性控制成本，青花郎成为我们最隆重的款待用酒，只有接待贵宾要客的时候才用。

随着财务的厘清、成本的控制、业务的拓展，公司进入了良性发展阶段。2020 年可以说是我们的丰收年，在庆功宴上，合伙人笑嘻嘻地问我："你猜我最愿意看你花公司什么钱，而且花得越多越高兴？"我有点丈二和尚，还没想好答案，他就脱口而出"买青花郎啊"，语毕，全场一片欢腾。

自己创业后，眼界开阔了，关注点不止郎酒醇香的口感，也在于郎酒发展战略上的谋篇布局。近年来，除了结合大趋势的前进，郎酒始终以包容的态度积极拥抱社会发展态势，积极拥抱互联网+，驱动自身以及行业变革。以用户为中心，开辟新的商业模式，相信体系的力量、形成体系的力量，在管理、人才、资源、环境、企业文化等方面建立生态。

近些年，郎酒也在坚持扩大产能。尤其是 2020 年，吴家沟生态酿酒区启用，郎酒高品质酱酒的产能进一步扩充。但产能大幅增加的同时，郎酒也不忘坚守品质，在这方面，各行各业都应该学习。

郎酒采取"慢销售"的方式，严控酱酒年销量：2020 年之后，郎酒的酱香产品每年增加的销量不超过 1000 吨，这个额度，还是所有品类的酱酒共同分担。这种坚守，是白酒界真正的长期主义。在郎酒的上层建筑上，我学到了很多东西。期待我们的公司能像郎酒一样，红红火火，越来越好。

中国郎注疏

吴家沟生态酿酒区

作者提到一个决定青花郎品质非常关键的因素：产能。

汪俊林董事长曾多次公开表示，产能是决定酱酒企业能走多远的关键因素。由于顶级酱酒酿造资源的局限性，赤水河流域的酱酒产能十分有限，加上酱酒对储存年限有要求，谁的老酒多、产能大、基酒存放时间长，谁就能在未来市场竞争中取得先机和优势。

2012 年，郎酒集团董事长汪俊林启动了吴家沟生态酿酒区项目，9 年后，这个投资超 50 亿打造的高端酱酒基地终于建成。2022 年，郎酒五大生态酿酒区将全面建成投产，实现 5.5 万吨优质酱酒的年产能目标。

未来，郎酒的酱香基酒储存将达 30 万吨。不同年份的基酒，通过生长养藏四个阶段的严格存储老化，将成为郎酒高质量发展的压舱石。

吴家沟让郎酒在高端酱酒市场的竞争更有了底气，也让众人看到郎酒"坚守、壮大、长跑"的决心与自信。

吴家沟生态酿酒区

78

不 离

山西　王砚英

巴蜀大地的风情，总让人流连忘返。爱上四川，也许仅在一瞬间。2010 年，我和女儿来到成都定居，开始在麻辣成都，享受安逸舒适的生活。

因工作原因，2010 年我有幸去过一次古蔺县二郎镇。从成都出发，一路晃晃悠悠花了六个多小时才到达。当车驶入二郎镇时，小镇四处弥漫着的酒香就不由分说地包围着每一个人。身处其中，想不喝酒都难。

夜幕降临之时，和同伴走在二郎镇的小路上，感受着微风的缭绕和空气中夹带着的酒香，前所未有的舒适、安然之感涌上心头。这里不仅为美酒酿造提供了完美的先天条件，还是享受安逸小镇生活的绝佳之地。路边人家随处可见的红花郎广告牌，低调地装饰着整个村庄，让这偏居川贵交界山区一隅的小镇，在低调内涵中将不凡的气质悄悄展现。

爱酒之人到了这个酒香弥漫的小镇，就像是回到了自己家。满是古蔺风味的简单的宾馆、小饭店、路边摊，无一例外，均有郎酒的身影。问及当地人，大家对郎酒的一切如数家珍，细细一问才知，原来二郎镇有很大一部分人都是郎酒厂的工人。看着大家脸上洋溢着的笑容，听着字里行间轻松愉悦的家长里短，我们不难发现，郎酒厂为二郎镇带来的改变，也可以明显感受到，在二郎镇生活，在郎酒厂工作，于他们而言是一件多么幸福快乐的事情。

二郎镇人对郎酒的这种归属感，让我顷刻间明白"一个好的企业要有社会责任感"这句话的价值内涵。郎酒带给二郎镇人，不仅仅是一个就业机会、一份工作那么简单。

十年后，再次来到郎酒。小镇依然淳朴，但道路却不再斑驳泥泞，那如同世外桃源的郎酒庄园让小镇变得更加包容开放。几千几万年沧海桑田，水滴石穿，创造出天宝洞、地宝洞这样的洞府奇迹，酒香在千万年的洞中氤氲飘荡和酝酿。山峦间，拔地而起的建筑，将传统生态艺术与现代艺术完美融合，为郎酒提供得天独厚的"生长养藏"之所，也引领着白酒行业进入了一个全新的庄园时代。

一个偶然的机会，让我有幸目睹了郎酒十年间的变化。如今，看着那个十年前被列入国家级贫困县的古蔺，在政府的指导下，郎酒这样的企业带领下，率先脱贫摘帽，变得越来越好，我也有着莫名的自豪、骄傲之感。时间让这个小镇和郎酒越来越好，这就如同人生，越久越甘醇，越品越有味。

中国郎注疏

商业向善

曾经，古蔺交通闭塞，发展落后；如今，青山未移，却是人间已换。斗转星移间，古蔺旧貌换新颜，这离不开当地人民的奋斗和一座酒厂的努力。

作为从大山里走出来的企业家，郎酒集团董事长汪俊林曾表示：扶贫不是拿一点钱，而是要有长久的"造血"功能。农户人均收入的增长，才是助力贫困地区和贫困群众实现脱贫最真实也是最扎实的做法。

古蔺县二郎镇是郎酒酱香型白酒的原产地，这里产的米红粱是农民主要的经济作物，也是郎酒酿造酱香型白酒的核心原料。和其他地区所产的不同，它们颗粒坚实、饱满均匀、粒小皮厚、淀粉含量高，特别适合酿酒。对于郎酒而言，抓品质，就要从最基本的原料开始，从郎酒品质的源头米红粱抓起。围绕着酿酒的产业链条，郎酒着力推进智慧农场建设，以当地独有的酱酒酿造原料米红粱种植，发动当地群众种植高粱，对高粱实行保底价收购，并逐年提升收购价格；同时匹配专门的技术团队，在帮扶当地农民种植时，也对产品原料质量进行第一道把关，可谓一举多得。

产业扶贫的好处，是不仅从根源激发了贫困群众的内生动力，"家门口就业"更是坚定了他们脱贫致富的信心。郎酒通过增加高粱种植，以此来增加农民收入。目前，郎酒订单化高粱种植基地已近60万亩，惠及川南近万农民家庭脱贫致富，以长久的"造血式"扶贫方式助力乡村振兴。

古蔺县经发办的工作人员曾表示："10个二郎人就可能有6个人在郎酒工作。"吴家沟生态酿酒区全面投产后，将为郎酒新增6万吨制曲、2万吨高端酱酒年产能，新增4000人就业，可提高10万农民的收入。汪俊林董事长直言，每增加一个工作岗位，就是为当地老百姓一家脱贫。

自2002年来，郎酒已累计向国家上缴税费200多亿元，带动当地农业、旅游业、服务业、运输业等相关产业共同发展。此外，地震捐款、抗疫捐赠、公益助学……郎酒已向社会捐款累计超两亿元。汪俊林董事长表示，除了继续带动当地农民和员工增加收入，郎酒还将继续积极打造品牌，做好庄园的建设，希望既能让在城市生活的人到这里来享受美好生活，同时他也希望能够让偏远山区融入先进发达技术，让这里的人们精神和物质同步。"我认为一个企业参与乡村振兴，最本质的是需要把我们自身的工作做好，我们将继续从上述几个方面继续努力。"

商业向善，久久为功。郎酒还在坚持聚焦古蔺教育事业发展，志在培养更多人才，从更长远和更有效的方式为地方经济、社会发展出力。自 1999 年出资 1000 万元组建教育奖励基金以来，郎酒先后增资援建希望小学 5 所，资助贫困学生数万名，同时连续 10 余年向泸州市栋梁工程、古蔺县栋梁工程捐款。时至今日，这个爱心助学的壮举已经持续开展 23 年。23 年里，郎酒将助学范围从古蔺县扩展到更广的范围，使万千学子圆了读书梦、大学梦。

实业报国，回馈社会。郎酒根植于古蔺，发展于古蔺，更加感恩于古蔺，奉献于古蔺，也让"一座酒厂改变一座小镇"的故事远扬。

金樽堡交融神秘与时尚

79

酱 香 情

河北石家庄　丁小花

　　我是一名留法博士，人生第一次觉得"喝得舒服"的白酒就是
郎酒。

　　郎酒在我们学术圈十分受推崇。我和硕士导师一起出席饭局，
老先生们个个嚷嚷着要喝两盅，导师笑眯眯地拿出一瓶青花郎。席
间同人称赞，郎酒口感不输茅台，且包装大气雍容，精致程度不亚
于艺术品，符合文人雅士的审美。

　　老师们对从未喝过酒的我说："好酒养人，你喝下去，第二天
胃是舒服的。"循循善诱，亲切如家中长辈，并且叮嘱我喝酒要量力
而行，一定要喝粮食酒。至今，我还记得当时的感受，一口下喉，
醇厚之感久而不散，瞬间打开了新世界的大门。我很是惬意，把导
师、同人们敬了个遍，边喝还边想，白酒也没有那么辣嗓子啊。几
杯下肚，连身上都氤氲着酒香，有飘飘欲仙之感。

　　此后，我也会闲时与导师饮酒，或唠家常，或讨论学术，或庆
功，亦师亦友。一次次对饮，拉近了我与老师的距离，让我觉得课
堂上德高望重、不苟言笑的老师们，也有老顽童般可爱的一面。

　　因为导师，我与郎酒结下了不解之缘。至今，我送给父亲的酒
依然全是郎酒。真挚地希望郎酒越来越好。

赤水河左岸　庄园酱酒

多年前，汪俊林董事长曾去欧洲参观葡萄酒庄园，世界级酒庄所带来的震撼令他不能平静。中国酒文化历史悠久，却没有一座白酒庄园。"从那时起，郎酒就立志于为中国打造一座世界级白酒酒庄而奋斗"。

2008年开始，郎酒积极向世界顶级酒庄学习，投入大量人力、物力、财力，用于提升郎酒产品品质、改进郎酒生产环节、改进储存老熟环节，以"生长养藏"为脉络，打造世界级酒庄，塑造世界级产品——青花郎。

由于地处偏远、地势险峻、地质结构复杂，每一处的建造都意味着更大的人力和资金投入，而青花郎"生长养藏"的酿造脉络，更对建造工程提出了重大的挑战。为此，郎酒斥资200亿元建设郎酒庄园。

经过14年的努力，郎酒庄园已初步建成。对外开放以来，得到了社会各界的认可与好评，郎酒的品质也不断提升。随着这一项目的大部分完工，2021年3月19日，青花郎全新战略定位正式升级"庄园酱酒"。汪俊林董事长自豪地说："今天起，郎酒庄园与世界级酒庄同行；今天起，青花郎与世界级美酒对话。"

那两个"今天起"，对所有郎酒人来说，都刻骨铭心。

礼赞 第五章

酒祝东风　礼赞生命

酒是大千世界诗意的相逢

是人间烟火美好的催化

万千感谢　万千感恩

和赤水河的美好、庄园的味道

都一并酿进了酒里

让每一滴甘美的郎酒礼赞更好的你

80

至 味

四川成都 刘青青

我其实并不太会喝酒，不过青花郎的包装设计确实是走心的。不管是新包装还是旧包装，深邃的宝石蓝总能第一眼就深入人心。青花郎以宝石蓝为主调，搭配金色的高粱、小麦、宝相花等主体元素，给人以尊贵、深邃的格调观感，体现了青花郎高端酱酒应有的质感。

好酒配好瓷，好酒味香浓，当一个线条圆润蜿蜒、凹凸有致的青花郎酒瓶放在眼前时，用手轻抚，我能深刻感受到时光镌刻的痕迹，静观其貌，又能感受到瓷文化与酒文化的完美融合。如国粹青花瓷般的整体造型，素雅大气，让人爱不释手。

包装是一门艺术，酿酒是一门技术。水为酒之血，粮为酒之肉，曲为酒之骨。酱香型白酒水源、原料和气候缺一不可。赤水河沿岸大小酒厂不少，出的中高端酒品也很多，郎酒能脱颖而出，是偶然也是必然。郎酒庄园是让人惊艳的，酱酒在这里"生长养藏"，还能让懂酒爱酒之人共赏，是品质创新，也是成人之美。近两年酱酒大热，市场不断扩大，价格也在不断攀升。然而酱酒需要沉下心才能酿出高品质。如今市场浮躁，各大品牌纷纷布局涌入，势必都想分一杯羹。在这样的大环境下，郎酒能够稳住心神，钻研品质非常难得，值得点赞。

中国郎注疏

壮 大

　　郎酒酿造历史悠久，自西汉的"枸酱"以来已有千年，现代工厂是在清末的"絮志酒厂"酿酒作坊的基础上发展起来的。经过几代郎酒人艰苦卓绝的奋斗，郎酒已成长为大型现代化企业，现有17家全资及控股子公司，华艺陶瓷就是其中之一。郎酒所用陶瓷酒瓶、酒具皆由华艺所造。

　　合江华艺自成立以来，放眼全球，配置顶级资源，坚持用科学的方法造陶瓷，在陶瓷创新发展上不断突破与超越，先后自主研发"上釉流水线及上釉方法""快速烘干窑炉"等16项国家专利，有效解决了陶瓷酒瓶生产的痛点、堵点，成功实现生产设备自动化、物流运输自动化、数据采集自动化，极大提升了生产效率与产品质量，不断赋能郎酒极致品质。

　　近年来，为赋能郎酒高质量发展，华艺陶瓷开门迎客，社会各界人士慕名前来参观，好评连连。"没想到一支酒瓶背后，这么不简单。""连酒瓶都做到如此极致，酒质可想而知!"

　　一家企业坚持品质为根，才能成就百年基业;一个产业坚持品质第一，才能蓬勃发展。郎酒将继续追求极致品质，立志将郎酒庄园的味道、郎酒人的匠心、中国郎的气度以美酒与美学的形式呈现给世界。

郎酒人的匠心以美酒与美学的形式呈现给世界

81

庄园助腾飞

湖北　王江泓

2021 年 3 月 18 日，我有幸随同事一起前往郎酒庄园参加"青花郎战略升级发布会"。出发前，在郎酒的微信公众号上看到了关于"中国郎·山谷光影秀"的推文，绚烂、广阔、新颖的画面让人眼前一亮，使我不禁期待起这趟旅程。

这是我第一次参加"庄园之旅"，第一次来到泸州，第一次途经贵州，第一次看见赤水河，第一次闻见漫山遍野的酒香。同样，也是我第一次近距离地接触白酒，亲身体验了此前只在网络上欣赏过的震撼的郎酒庄园美景。

从前只觉白酒辣口冲鼻，难以下咽，脑海里会有一万个问号：为什么白酒这个东西竟然会有人喜欢？这种疑惑直至亲临郎酒庄园、初尝青花郎，便烟消云散。此时，只想感慨自己曾经的浅薄，竟不知，优质的白酒原是这般回甘且不上头，它的背后还隐藏着这样一套繁复且高超的酿造体系。

超五星级的酒店服务，移步换景的庄园景观，热情好客的工作人员，给我留下了极其深刻的印象。这些印象，都从侧面印证了郎酒"追求极致品质"的决心和信心。说到品质，不得不提此次活动的伴手礼之一，由郎酒集团董事长汪俊林先生编著的新书《郎酒品

质主义》，该书全方位地讲述了郎酒在追求品质之路上所做的努力
与已有的成效。

"正心正德，敬畏自然，崇尚科学，酿好酒。"汪俊林对郎酒庄
园核心价值的表述，虽然简洁，却已经囊括了作为工农商结合体的
白酒庄园的所有内在要素。当它和外部的强大消费力相遇，一个更
加精致的美酒时代降临了。是的，当我靠在酒店客房的沙发上品读
这本《郎酒品质主义》时，从郎酒创业的艰辛、改制的创新，再到
生态系统的打造、智力系统的搭建、独特的酿造工艺的传承与进化，
以及三品战略的落地和驱动，我领会到郎酒贯穿始终的极致追求和
欲给用户的奢华体验。这般匠心独具，非庄园不可为。

战略升级发布会活动上，记者向董事长汪俊林提问关于郎酒上
市的相关事宜，得到的答案就是四个字——顺其自然。

物欲横流的社会现况下，上市几乎成了每一个企业的奋斗目标。
以上市为己任，以上市为噱头，以上市来提升价值，大家仿佛都是
为了资本而活。但，郎酒不是。郎酒庄园三品节上，郎酒奖励为品
质、品牌、品味做出突出贡献的人，这是郎酒为做实事立下的志，
也是毕生唯一的追求。

在当天的晚宴上，我第一次喝到百年郎酒纪念酒，酱酒的"微
黄"在玻璃酒器中，被灯光照耀，显得格外晶莹剔透，同桌的友人
指着我手中的酒杯，打趣道："别小瞧这一杯哦，差不多 400 块
呢。"我带着好奇小酌了一口，不辣口不刺激，真的刷新了我对白酒
的认知。原来，好酒就是在细节中体现品质、纯净、健康。

晚餐后，我们又见证了全球首映的中国郎·山谷光影秀，参观
了郎酒"生长养藏"的全脉络体系，被白酒背后的博大精深和中国
白酒文化的壮丽秀美深深震撼，久久不能平复。

感谢郎酒，让我重新认识了中国白酒，让我见识了赤水河左岸庄园酱酒的独特魅力。二郎镇的一山一景，一坛一杯，都是被郎酒浸润过的诗情画意。走在庄园里，那句"北京好是好，就是太偏僻了"浮上心头，确实，郎酒庄园，值得在 C 位，值得成为世界关注的焦点。相信，未来的郎酒庄园，必将成为中国白酒行业乃至世界酒业的中心。

中国郎注疏

郎酒庄园三品节

"百年郎酒生生不息，千年工艺代代相传。"一直以来，郎酒人团结一心，铆足干劲，以精湛技艺酿造美酒，以勤劳奋进孕育白酒醇香。

百学须先立志。而郎酒人的志向，就是极致的品质追求。品质基因流淌在郎酒人的血液里，让其矢志不渝，奋斗终身。

这是因为，品质是郎酒的根本，有了好的品质，才能塑造品牌，才能提升品味。抓品质，郎酒环环紧盯，步步为营。品质建设的道路上，有团队协作积土成山兴风雨的力量，也有一个个郎酒人积水成渊生蛟龙的坚守，是他们兢兢业业地工作，让郎酒的品质之路走得坚定而踏实。

2021 年 4 月，首届郎酒庄园三品节颁奖典礼在郎酒庄园举行，向 2020 年为郎酒品质、品牌、品味做出突出贡献的社会各界朋友和郎酒员工授奖。

郎酒集团董事长汪俊林表示，首届郎酒庄园三品节的召开，一是鼓励所有郎酒人长期、不惜代价地为郎酒的品质、品牌、品味提升而努力。将极致品质的基因注入郎酒人的血液，让以消费者美好生活为中心的发展理念薪火相传。二是对郎酒品质每年千分之一、万分之一的进步给予奖励，每年的进步虽小，但我们相信滴水穿石，厚积薄发。五年、十年、二十年，一代又一代的人持续去"正心正德，敬畏自然，崇尚科学，酿好酒"，我们深信郎酒人在品质追求这条道路上，一定会成为中国最好的白酒之一，一定会成为世界最好的品牌之一。

"亦余心之所善兮，虽九死其犹未悔。"同心同德、兢兢业业的郎酒人，决心为郎酒新时期发展做出更大贡献！

多情的郎酒庄园

82

与郎酌之

湖北　王兴亮

　　第一次和郎酒结缘是在去年的一次离别宴上，当时，因为个人家庭原因，我选择了从工作四年的单位辞职，诸多不舍，万般无奈。

　　周五的晚上，同事们给我送行，选择了深圳市福田区最繁华的商圈，这是近几年来大家经常光顾的地方，到处都充满着美好的回忆。在饯行的宴席上，大家喝的就是郎牌特曲。说来惭愧，作为湖北人，那是我第一次喝到郎酒，新鲜的口感配上浓厚的回甘，让人欲罢不能。其实当天还有同事拎来了另外一种浓香型白酒，但大家喝着喝着，还是感觉郎酒更醇、更美，最后将一整瓶郎酒瓜分完，甚是畅快。

　　那场离别宴，虽万般不舍，但大家还是喝得很尽兴。因为喝的不仅是酒，更是四年多共事的感情！郎酒在那一刻的味道，正是这种真情折射，也是我永远的美好记忆！

　　辞职后，我选择回到武汉跟家人和朋友团聚。彼时，正值疫情肆虐，这座英雄的城市历经苦难，浴火重生。封城两个多月的时间里，只有家人陪伴，于是我特意辗转多个渠道购买了一整箱郎牌特曲。在与疫情抗争的时间里，和家人宅在家里吃饭、聊天的时候喝，和朋友在手机上视频聊天的时候喝。

后来，在全国医护人员及志愿者的帮助下，武汉疫情转好，大家逐渐开始走出家门，回归正常生活，回归工作岗位。一直到2020年的夏天，和老友相聚的时候，我依然选择喝郎酒，和新同事聚会的时候也是喝的郎酒，郎酒见证了我这一年多时间以来的变化与成长。陪我喝过郎酒的家人、朋友们都说："郎酒是纯粮纯正，口感非常好！"

"无酒不成席"，在中国，喝酒看人，讲究的也是场合与氛围。我和郎酒的每次"亲密接触"，都是和亲爱的家人、同事、朋友们一起，离别之伤、相聚之喜、患难之惜……万般情状，都与郎酒的味道丝丝相扣、环环相伴。我想，经历过这么多人情世故之后，未来，我都离不开郎酒了！

中国郎注疏

与郎共舞　龙马奔腾

一杯郎牌特曲，凝聚着和同事多年并肩作战的情谊。在各奔前程之际，一杯美酒蕴含着作者对自己和同事未来的美好祝愿，和郎牌特曲"与郎共舞　龙马奔腾"的精神非常契合。

早在20世纪70年代初，郎酒采用浓香传统工艺生产的"古蔺大曲"就多次荣获四川省名牌产品，郎牌特曲在继承传统工艺的基础上，采用单粮原窖法浓香工艺和多粮跑窖法浓香工艺相结合的复合浓香工艺酿造而成，窖香幽雅，芳香宜人，绵柔甜爽，余味悠长。

　　"11545"这组数字密码,阐释了郎牌特曲的工艺特点:1个循环往复、1个酿造周期、5种粮食配比、4季酿造体系、5种原酒等级。再通过 60 种不同风格特征的浓香基酒类型以及 7 步勾调技艺,最终带来了浓香郎酒的独特风味,这也是郎牌特曲 2011 年上市以来畅销至今的品质核心。

　　2021 年,是郎牌特曲上市 10 周年,郎牌特曲一直致力于为热爱美好生活的每位朋友送上极致的消费体验,践行"品质、品牌、品位"的三品战略。通过郎牌特曲不断的品牌塑造、品质升级、产能储能加码,郎牌特曲必将迎接又一巅峰 10 年,与郎共舞,龙马奔腾!

2021 年郎牌特曲独家冠名 《金牌喜剧班》

83

同 行

四川成都　周琴

2019 年，夏日傍晚，我在郎酒成都麓湖总部，参加了一场好声音首映嘉年华活动。台上的歌手唱着醉人的旋律，台下的嘉宾们三三两两，就着夜晚和煦的风和美酒，聊得尽兴又难忘。

彼时，郎酒与好声音已经联手多年，一个致力于寻找中国乐坛真正有品质的好声音，一个致力于酿造中国极致品质的白酒，二者携手，是知音难觅，也是志同道合。好声音与郎酒，共同打造一个标签——"品质"。

如果说那场活动前，我对好声音的认识仅限于歌手的唱功、选手的"音乐梦想"、谁能进入谁的战队、哪位实力唱将能坚持走到最后……那么活动后，我开始明白，这样一档国民级节目的成功，与能够拥有一个互助共赢的合作伙伴密不可分。而郎酒，就是这样一个具有深厚酒文化传承、追求匠心与创新的伙伴。

纵观这些年来郎酒牵手的企业，无一不是有着高段位、高品质和高追求。除了《中国好声音》，还有《朗读者》《非诚勿扰》《经典咏流传》等观众喜闻乐见的节目。由此可见，郎酒在品牌营销策略上，有着同样的高品位。而这种定位，既符合大众口味，又可弘扬时下主流优秀文化。这不禁让我对郎酒的喜爱与敬佩又增加一分。

2020 年夏天，我搬了新家。

新家宽敞，光线充足，温馨又舒适。家人特意赶到成都，与我一起庆祝乔迁之喜。那天，大家齐心协力做好的菜将桌子摆得满满当当，丰富美味的菜肴让家里充满了烟火气和喜庆劲儿。打开电视，播放《中国好声音》，伴随着美妙的音乐，我也拿出了早已买好的郎酒，给家人们斟上满满一杯。大家一边看着节目，一边回顾着 2020 前半年的不易，一边品味美酒与佳肴。还好风雨后总能见到彩虹，我们还有机会跨越城市相聚，并共同庆祝乔迁新家的幸福时刻。最后，大家在好声音中一齐举杯，脸上满是希望和笑意，同贺："明天会更好！"

是的，虽然经历 2020 年，世界大有不同，但我们还是要心怀希望，因为明天总会更好。

中国郎注疏

用价值创造价值

给追梦的年轻人一个舞台。2012 年夏天，《中国好声音》横空出世，成为了一个个普通热爱音乐之人追梦的舞台，也成就了一个个明星歌手。

郎酒希望通过做好酒，给每个消费者带去美好生活催化剂。

不同时代的交融碰撞，用歌声跨过岁月的长河。郎酒和中国好声音的牵手，珠联璧合，两者联手用价值创造价值，共同唱响光辉十年。

如今，郎酒庄园初步建成，郎酒庄园会员中心正式揭幕，同时惊艳亮相的还有郎酒庄园会员节——郎酒为会员打造的节日专场系列活动。这里是郎酒用户的价值共创平台。在有价值的地方创造价值，和有价值的伙伴一起创造价值，用价值创造价值。数万名高净值人群相聚于此，交流鉴赏，汇聚能量，相融共生，共同成长。

2021年9月4日郎酒庄园会员节当天，周其仁、阎爱民、傅成玉、吴晓求、马蔚华等大家亲临郎酒庄园，与青花郎用户就当前经济环境、品牌成长等话题进行交流分享，知识赋能，共创价值。

潮流易变，经典永恒，唯有品质方能永流传，唯有价值才能创造价值！坚持长期追求，与时间做朋友，其实归根是做好品质。品质就是郎酒的根本和基石，有了好的品质，才能塑造品牌，才能提升品味。

郎酒庄园一隅

84

酒里乾坤

四川南充　陈飞成

借用许嵩《惊鸿一面》里的歌词对郎酒表白，恰如其分："年少初遇常在我心，多年不减深情。江山如画又怎能比拟，你送我的风景。"

犹记人生中第一次喝郎酒，是姐姐姐夫请客。姐夫带来一瓶青花郎，说是家乡特产。当时我并未喝过郎酒，也并不以为意。因为我家乡也产酒，酒也不错。都说川酒有名，姐夫打开瓶盖替我倒酒，玻璃桌面很滑，酒被洒在了桌布上，姐夫一脸心疼。瞬间，小小包厢里飘荡着经久不散的酒香，我立刻发现：这不是普通的白酒，酱香浓郁，醇厚净爽，幽雅细腻，回甜味长。可以说，第一次邂逅郎酒，带给我的是出乎意料的惊艳，酣畅淋漓，让人痛快尽兴；回味悠长，让人流连忘返。

为什么郎酒口味如此浓郁悠长？我把目光投向了郎酒的酿造工艺，查阅资料后惊叹不已：郎酒酿造工艺对时令的苛刻要求，酿造流程的繁复耗时，古往今来，恐怕只有《红楼梦》里薛宝钗吃的"冷香丸"能媲美。曹公笔下的"冷香丸"制成需三年，而一瓶红花郎诞生于世，却至少需要五年时间。

随着对郎酒的深入了解，越来越感到震惊。郎酒和茅台同出一源，都是赤水河畔的酱香型白酒品牌，在我国酱香型白酒中占据重要地位。

随后，我又在喜爱的作家苏童笔下读到了关于郎酒的文字。在《关于天宝洞》一文中，苏童用细腻的笔触写下了他探访郎酒庄园、抚摸郎酒酒坛的经历："一场小心翼翼的独特的问候仪式开始了。我轻轻揉摸着酒坛子上厚厚的灰暗的酒苔，酒厂的朋友含笑观察我的表情，问，是不是有丝绸般的触觉？我说是，但不止是丝绸，我感到手上沾满了某种来自粮食的语言，浓烈，憨朴，音色暗含幽香，词语里满是柔情蜜意，它们是坛中美酒对我的呼应。"这更让我神往不已。有生之年，定要亲身探访郎酒庄园，触摸"郎酒的皮肤"，感受背后的气韵，学习酒文化。

酒里乾坤大，壶中日月长。如今，与朋友两三小聚，少不了一同细细品味郎酒。不止如此，爱上郎酒后，我时常会跟朋友推荐：喝郎酒一时爽，一直喝一直爽。看着他们一饮而下，神情陶醉，我也会暗暗自豪，和我深爱的郎酒与有荣焉。

中国郎注疏

重要地位

作为赤水河畔酱酒黄金产区品牌，背靠已有 15 万吨，未来还将突破 30 万吨储酒的郎酒庄园，郎酒有信心、有理由、有能力实现三大目标：一是在白酒行业具有重要地位；二是与赤水河对岸的茅台各具特色，共同做大高端酱酒市场；三是郎酒庄园成为白酒爱好者的圣地、世界级庄园。

一步一景的郎酒庄园

在汪俊林董事长的带领下，郎酒"头狼"青花郎凭借对品质、品牌、品味的独到理解和实践，不仅仅成为高端酱酒的代表，更是举起高端酱酒的又一面旗帜，奠定了其在中国高端酱香型白酒中的重要地位。

近年来，郎酒顺应时势，以青花郎作为战略产品之一，带来了良好的市场回报；颠覆传统白酒发展路径，耗时 14 年，斥资 200 亿元打造郎酒庄园，为青花郎产品营销、服务开辟了行业内无法复制的商业模式；以包容姿态，积极拥抱社会发展态势，积极拥抱互联网＋，驱动自身及行业变革等一系列成就，成为酒业的一道风景线。

85

庄园风光

四川成都　文豪

我与郎酒结缘已久。

爱上郎酒的契机是参观郎酒庄园。2020 年夏天，我有幸以摄影师的身份来到郎酒庄园参观、品酒、拍摄，得见世界最大的天然储酒溶洞群，深入感受蕴含在郎酒"生长养藏"中的韵味。不止如此，随着切身观摩郎酒从酒瓶制作到藏酒过程再到精酿出品的全过程，我和同行的小伙伴深受震撼，感受到了郎酒作为酱香型白酒深厚的文化底蕴。

在山下徘徊，一路行至天宝洞，酒香弥漫，醇香扑鼻，酒坛静静地伫立在那里，犹如出土的兵马俑，尽显气度与恢宏。从山上望去，蜿蜒的赤水河是郎酒的曼妙身姿，其中流淌着泱泱大国的酒魂……在郎酒庄园的日子里，我仿佛进入了世外桃源，赤水河畔，青山绿水，目之所及，皆为仙境。品酒环节也让我印象颇深，郎酒醇香，一口饮下回味悠长、厚重、郁实。

此次参观在我脑海中留下了挥之不去的烙印。随着对郎酒的深入了解，我明白了郎酒庄园之所以被称为白酒爱好者的向往之地，不只是因为郎酒庄园开创了中国白酒品质体验与品鉴新模式，比如酿造基地的现场参观、洞藏老酒深度游、品鉴勾调学习，更重要的是，郎酒把"生长养藏"与"敬畏自然酿好酒"融合在一起，这背后是"人法地，地法天，天法道，道法自然"的中国古典哲学。

这让我的敬意油然而起。"正心正德，敬畏自然，崇尚科学，酿好酒"，郎酒因地制宜，充分发挥自然资源的优势，养浩然之气，品钟灵毓秀，才能打造出如此神秘壮观的郎酒庄园。

敬畏自然的郎酒人也让我钦佩不已。据我所知，郎酒始终奉行绿色发展理念，始终践行着保护赤水河就是保护郎酒自身发展的理念，"保护好赤水河才能出好酒，保护赤水河就是保护自己"，对大自然的敬畏与爱护，让郎酒逐步完成了对环境管理的提档升级，从末端治理转向清洁生产的源头治理，打造绿色、生态郎酒。

中国郎注疏

郎酒庄园

2008 年，郎酒启动了郎酒庄园建设，郎酒庄园从建设开始，目标就是打造世界一流酒庄，白酒爱好者的向往之地。因此，郎酒将扩产、扩储跟庄园建设有机结合，使郎酒的产能、储能达到了新高度。

耗时 14 年才初步建成的郎酒庄园，斥资 200 亿元。10 平方公里之内，不但有规划产能将达 5.5 万吨的五大生态酿酒区，世界最大天然储酒溶洞群和露天陶坛储酒库，也有五星级标准的度假酒店，还有沟壑与峭壁间巧夺天工的品酒中心、调酒中心等众多体验与观光景点……

通过庄园建设，郎酒不但以更加有利品质保障的"生长养藏"

重新规划了酿造与储存，还携手国内顶尖研究机构成立品质研究院，从酿酒核心原料到运输包装全方位精益求精，以科技夯实品质根基。

有了更好的酒质，有了被誉为"中国首座白酒庄园"的郎酒庄园，郎酒开始了具有里程碑意义的重大改变：在让酒走向消费者的同时，也让消费者走进酒，走进赤水河，走进二郎镇，走进郎酒庄园。

为了迎接八方来客，郎酒庄园不但建设了一流的硬件设施，同时还配套了大型山谷光影秀，不定期举办演唱会、论坛等特色活动，庄园专供酒、订制酒等专属消费模式，还训练出一支体贴入微的服务团队，努力给客人极致的愉悦体验。

俯瞰郎酒二郎产区

86

偏　爱

四川成都　杨晓帆

> 天若不爱酒，酒星不在天。
>
> 地若不爱酒，地应无酒泉。
>
> 天地既爱酒，爱酒不愧天。
>
> 已闻清比圣，复道浊如贤。

　　这是诗仙李白所写的《月下独酌四首》中的句子，我深以为然。在我看来，酒是人类文明的精华，酿酒是人类的重大发明。酒改变了我们的餐饮，丰富了人们的生活，提升了人生的境界，为生命添加了几分馨香与诗意。

　　"古来圣贤皆寂寞，唯有饮者留其名。"中国酒文化博大精深，古往今来，无数诗人沉迷于酒。几千年悠悠岁月，沉淀下来太多赞美酒的优美诗文。"清酒既载，骍牡既备。以享以祀，以介景福。"是古人以祭祀求福分："清醇美酒已经满斟，红色公牛备作牺牲。用它上供用它祭祀，用它求取大的福分。"建安三曹，无一不喜饮酒作诗，曹丕在《与吴质书》中，说自己"出则连舆，止则接席……酒酣耳热，仰而赋诗"。曹植则作"置酒高堂上，亲友从我游"，"公子敬爱客，终宴不知疲"。而曹操更为豪迈，"对酒当歌，人生几何""何以解忧，唯有杜康"读来回肠荡气。

东晋时，陶渊明更是集诗酒文化大成者。南朝萧梁昭明太子萧统云："有疑陶渊明诗篇篇有酒，吾观其意不在酒，亦寄酒为迹者也。"盛唐则更是诗酒盛世，李白、杜甫、白居易等个个海量。台湾诗人洛夫说："要是把唐诗拿去压榨，至少会淌出半斤酒来。"李白写："天子呼来不上船，自称臣是酒中仙。"白居易则写尽大雪中因饮酒而起的温暖："绿蚁新醅酒，红泥小火炉。晚来天欲雪，能饮一杯无？"到了宋代，苏轼则发扬了诗酒精神："花间置酒清香发，争挽发条落香雪""东堂醉卧呼不起，啼鸟落花春寂寂"。

作为炎黄子孙，我熟读这些诗文，神往不已之外，也是一名资深的白酒爱好者。在国内众多的白酒香型种类中，我最爱酱香型，而在一众酱香型白酒中，我独爱郎酒！每当我打开一瓶郎酒时，都会闻到幽雅而细腻的芬芳，举杯入口，郎酒的酱味在口中逐层释放，酒香从口腔到咽喉到鼻腔再到口腔，再到铺满整个口腔、鼻腔，带来让人陶醉的酱香冲击感……我钟情于郎酒，我赞美郎酒！

中国郎注疏

大自然偏爱郎酒

为何在众多酱香型白酒中，作者独爱郎酒。一个重要的原因就是大自然对郎酒"偏爱有加"，成就了其极致品质。

四川盆地最南端，云贵高原最北麓，有一处神奇的存在。这里年平均气温 16.6℃，平均降水 760 毫米，平均无霜期 300 天以上。这里的地层为紫红色砾岩、细砂岩夹红色含砾土岩，土壤酸碱适度，这里冬暖、夏热、潮湿。这样的气候环境非常适合酿酒，尤其是酿造酱香型白酒，是绝佳之地。这儿就是郎酒的诞生之地——二郎滩。

赤水河沿河一带多为高山峡谷地形，河谷深切狭窄，山势陡峻，海拔200—1800米不等，但最适合酿酒的黄金酿造段却只有海拔300—600米这一段。

如果说土壤、气候、水质是大自然对郎酒的眷顾与恩赐的话，郎酒独创的"生长养藏"则体现了大自然对郎酒的"偏爱"。

"生在赤水河，长在天宝峰，养在陶坛库，藏在天宝洞"——天宝峰、陶坛库、金樽堡、天宝洞。终醇化生香，"天、人、物"和合为一，逐渐去除酒中的燥劲，性格中的瑕疵，历经岁月沉淀，每一口都变得醇香柔滑。

大自然偏爱郎酒。这份偏爱，郎酒没有辜负——它将一瓶瓶好酒奉献给了天下美酒爱好者！

87

难　忘

四川　白鹭

老友力荐老郎酒，初尝一滴微涩口。

品咂片刻涩味消，代之甘醇与可口。

举杯换盏谈天地，小酌一杯香扑鼻。

再饮一杯脸泛红，辅以佳肴甚惬意。

心中万千思绪起，缓缓吐露夜阑珊。

那夜郎酒刻心里，难以忘怀时时忆。

中国郎注疏

C 端战略

一直以来，郎酒追求品质、品牌、品味，矢志把美好生活与快乐、艺术与匠心融进酒里，给消费者带去更加美好的体验。

得 C 端者得天下。郎酒向来重视 C 端，并提出了 C 端战略，"郎酒 C 战略"涵盖 C 端会员、C 端平台、C 端服务，旨在为郎酒粉丝提供最贴心、最细致、最周到的服务，为消费者美好生活助力。

随着郎酒庄园建设进一步完善，除了生长养藏的酱酒酿造体系，更以世界级白酒庄园吸引消费者身临其境地去体验。

实施 C 端战略，郎酒搭建了郎酒庄园会员中心，以美酒为桥梁，搭建起一个集高端鉴赏、活动交流与知识分享等为一体化的高端平台。

从品质研究院，到三品节，再到品质、品牌、品味的"三品战略"都是在强调消费者的品质体验、品牌认同与品味审美。从端午制曲，到重阳下沙，再到依托郎酒庄园的各种会员主题活动，郎酒的"C 端战略"涵盖了酿酒、文学、艺术、社会、经济等多个方面的内容。最终通过"三大追求"的精神来满足消费者日益增长的美好生活的需要，实现"庄园的味道、郎酒人的信仰、中国郎的气度"的郎酒三味目标。

依托于郎酒庄园的软硬件设施，借助郎酒庄园会员的服务网络，在郎酒"正心正德，敬畏自然，崇尚科学，酿好酒"的企业精神理念下，郎酒正在形成自己的一套"C 端消费者服务逻辑"。同时，由于衍生出来的这套体系为郎酒品牌、郎酒产品、郎酒庄园与郎酒庄园会员量身订制，因此从根本上保证了其运作的一致性与持续性，从而确保了郎酒的 C 端竞争力。

88

醉暮色

四川成都　周芝伊

日将落时，携郎酒上大楼。

第一口，敬天。我一扬手，酒便洒向空中。忽然，天色卷风扫尘，红轮倒垂，金光四合，欲燃天际。

第二口，敬地。我一挥手，酒便洒向大地。霎时，山林腾云起雾，绵延十里，遮青盖水，翻浪如海。

第三口，敬我。我一仰头，酒液入喉。山上，天下，只我一人，

郎酒夜话

足踏金履，手持玉杯，一首诗，一柄剑，一杯酒，翻云覆天。

郎是神仙郎，酒是神仙酒。既称我李白"谪仙"，又何不做这人间神仙郎，写神仙诗，配神仙酒，令万世记我洒脱，记酒醇香？

中国郎注疏

洞仙别院

"神仙住在天上，郎酒藏在洞中"，"洞仙别院"由此得名。

洞仙别院，汇集诗酒院、名人手迹墙、品酒阁、订制体验区、高端订制储存等项目为一体，全球规模最大的天然藏酒洞群——天宝洞、地宝洞、仁和洞就位于洞仙别院内。在洞仙别院品酒、论诗，徜徉其中，感受惬意休闲。

89

美好记风尘

四川成都　颜刚

　　初夏时节，气温刚刚回暖，牡丹结实、樱桃红透、杨梅紫红，万物皆盛开，一切都是那么适宜。

　　落座在窗前，播放着一首轻快的音乐，就着一小杯青花郎，就能够洋洋洒洒敲出很多文字，想起许多温暖的朋友，想起曾经梦想，想起第一次喝酒的情景。循着回忆写下来，让时间停留在杯中，轻问一声：嘿！我有故事，你有酒吗？

　　20岁出头，不知天高地厚，热爱自由，沉迷于一个人的旅途。在寻梦的路上，一直坚信，还没发生的美好一定还在路上。

　　21岁那年，遇到万芳的好音乐，喜欢她的《割爱》，在她高亢、温和柔美的歌声中，我和许多故事里的人生相遇。

　　30岁的时候，邂逅郎酒，开始人生之旅的新一段路程。从此，生命中又多了一种慰藉的借口。迷茫时，郎酒让我消愁；畅快时，郎酒为我庆祝；得意时，郎酒伴我欢乐……有郎酒相伴的时光，日子好不惬意。

　　细数过去的时光，看着曾经的爱褪到我记忆最深处，内心些许怅然。人生的背景，隐隐地倒影在酒杯中，像极了信笺，用心触摸，还可以感觉凹凸的纹理，那是轻狂唯美的年少时光，是小酌几许后才能片刻触摸的灵魂。

这热情的初夏时节，阳光温热，万物繁盛，看着曾经的岁月流逝，我不难过，也不后悔。只是感叹，经年的岁月里，或许一个转身、一个回眸、一次偶然的邂逅，故事将从那一刻书写到人生结束。

从此以后，音乐常常打开，小酌一杯，成了日常。美的东西那么多，我们却常常不懂结束，像一个疲于解释的神经质的人。快敲完这段文字的时候，情绪才渐渐从回忆里抽离，恍然发现音乐声已经结束，唯有青花郎的芬芳伴我睡去，回到那梦中的梦中。

中国郎注疏

为消费者而生　为美好生活而来

酒是世界通用的情感语言，以酒会友，以酒消愁，以酒相庆，都离不开美酒的温润与记录。

中国酒业协会理事长宋书玉说："对于美好生活，不同的时代，有不同的诠释。未来共同富裕，就是我们追求的美好生活。美酒不仅能给我们带来物质层面、感官的美妙冲击，同时又能给我们带来文化层面的精神愉悦。生活越来越美好，未来美酒的感官品质将越来越高，精神品质越来越丰富。郎酒的品质主义其内涵就是如此，也是美酒产业永远持续的本源。"给消费者带去更加美好的体验，为消费者而生，是郎酒持之以恒的追求。

服务消费者，首先体现在对极致品质的不懈追求。目前，郎酒已构建起以"生态、酿造、储存、品控、体验"为支撑的五大体系，

摊晾

推出了青花郎、红花郎、郎牌特曲、顺品郎、小郎酒等佳酿。

除了追求极致品质，郎酒还致力于让消费者感受白酒文化，让消费者身临其境，感受一瓶好酒背后蕴藏的诗意、美好、匠心与气度。

为了实现这个目标，郎酒建设了郎酒庄园，庄园以"生长养藏"的酿造脉络为主线，同时还配备了度假酒店、山谷光影秀、私人订制收藏中心、品酒中心、观光景点等高端设施，在打造极致品质的同时，让来访者最大限度地感受中国顶级白酒文化。

高品质白酒，郎酒庄园的极致体验，给白酒爱好者带了震撼的感受。但郎酒不满足于此，又升级了郎酒庄园会员中心，为郎酒爱好者构建了一个交流、互动、鉴赏的平台，并且不定期举办线下交流活动，实现高端会员间彼此链接和价值创造，推动品牌与消费者共同成长。

90

成 佳 酿

山西阳泉　郝力

二郎镇是郎酒的根；

郎酒是二郎镇的魂。

酌一口，醇厚绵柔，

饮一杯，回甘不上头。

干一壶，世界都醇醉。

　　发源于云南的赤水河，流经贵州，在四川融入长江，从长度、流域面积等方面而言，在众多长江支流中都不出众，但是其经济价值，却绝对可以单独开篇列传。赤水浩浩汤汤，从云贵高原到四川盆地，中国一半的酱香美酒在此诞生。赤水河成就了美酒，也养育了千百万在此生活的人们。而在二郎镇，酒更是与其结下了天造地设的缘分。

　　喝了30年的郎酒，终于有机会站在郎酒庄园，隔河相望，对面的茅台与身畔飘散的酒香融合在一起，不知是谁家的酒更香。赋予茅台至二郎这段长49公里的赤水河谷，都具有世界酱香型白酒核心产区的独特优势，它们天长地久般地带给人们源源不断的美好生活。

郎酒庄园，依赤水而润，酿美酒而香，藏宝洞至醇，天地宠爱，自成左岸佳酿。

中国郎注疏

五大生态酿酒区

汤汤赤水流，悠悠郎酒香。四川省古蔺县二郎镇，距离古蔺县城 50 公里，这里是郎酒的故乡，背靠天宝峰，怀拥赤水河。

赤水河，发源于云南省，流经贵州与四川，干流全长 436.5 公里，最终汇入万里长江。它"美酒河"美誉传扬在外，两岸名酒厂林立，其中就有郎酒。

赤水蜿蜒流长，流经郎酒所在的二郎滩，地势骤降，波涌涛疾，水汽蒸发升腾，融入温和的空气，和适宜的温度混合一体，为微生物群繁衍生息提供了绝佳条件，造就了郎酒独一无二的天然酿造环境。

水为酒之血，好水对于酿造好酒的重要性不言而喻。酿造用水、降度用水、冷却用水、锅炉用水……酿造好酒的每一步，都需要优质水源的浸润。郎酒始终坚持采用赤水河流域优质水源进行酿造，这里水质优良，透明无味，富含多种矿物质，是十分理想的酿酒用水。

据专家考证，同样一条美酒河，赤水河畔 300—600 米的海拔是酱酒酿造黄金产区之最核心。郎酒在此依水规划建设五大生态酿酒区。

两河口生态酿酒区，正处于赤水河与桐梓河交汇处，因"两河"

而得名。溯流而上，是郎酒吴家沟生态酿酒区，为郎酒增加 200 亿元年产值。这两大酿酒区正位于赤水河段黄金产区核心，地貌多为临河高崖，河谷中亚热带季风气候，平均降水量 800—1200 毫米，年平均气温 16.6℃，藏着风，纳着气，温度、湿度、土壤与微生物都刚好达到最适宜的点，形成了特有的酿造小气候。到了夏天，这里是四川最热的地方，湿热且风静，酒曲与微生物，开始加快生长。此外，在那山林掩映之间的黄金坝生态酿酒区，是郎酒最早的酿酒区，承担着郎酒最大生产量；盘龙湾生态酿酒区，正在进一步扩建；沙滩生态酿酒区将在未来投入建设。

　　赤水河赋予郎酒绝佳生态体系，郎酒充分利用天时地利，敬畏自然，因地制宜，打造郎酒品质工程生态系统。合理巧妙利用大自然的山魂水魄，感恩自然的恩赐，构建"生在赤水河，长在天宝峰，养在陶坛库，藏在天宝洞"的载体——郎酒庄园。

　　赤水河是郎酒品质的先决条件。优质是水资源滋润肥厚的土壤，生长出最是喜人的米红粱，成为酿酒的原料。同时，水也滋养了一方环境，郎酒人就在这里选取最优质的水、光、土、陶、石，规划一方美酒修炼乐园，让赤水河的水分子与酿造原料完美融合，遵循天人合一，讲究道法自然，最终成就佳酿。

91

醉极致

四川成都　王艳英

一生择一事，一事到极致。我喜欢郎酒，是因为在品质、口感、品牌、情怀上，郎酒都无可替代。

从品质层面讲，郎酒拥有悠久的酿造历史和优异的品质基因，是全国唯一一家同时生产酱香、浓香、兼香三种香型的名酒厂家。目前郎酒科研人员 450 余人，并拥有 9 大科技创新平台，形成了 100 余项技术专利，有技术壁垒。

从口感层面讲，郎酒旗下青花郎是酱香酒的代表，其酒醇香幽雅、回味悠长。在外观上多数具有微黄颜色，在气味上突出独特的酱香气味，香气不十分强烈，但芬芳、幽雅，且持久稳定。有人称，倒入杯中过夜香气久留不散，且空杯比实杯还香。

从品牌层面讲，郎酒具有名酒基因，全国化名酒作为品牌后盾，引领品牌持续向上。产区优势上，郎酒占据世界顶级酱香酒核心产区以及中国浓香型白酒发源地两大产区优势，郎酒拥有浓酱双优的实力与底气。

从情怀层面讲，郎酒有着济世的情怀。2021 年 3 月，郎酒召开"青花郎战略定位升级发布会"，发布"青花郎：赤水河左岸　庄园酱酒"战略定位。在这次发布会上，郎酒集团董事长汪俊林提及三

个目标追求：第一是品质；第二是 2023 年的目标是上缴税收过 100
亿，回馈国家的培养和支持；第三是对郎酒员工收入的承诺，到
2023 年，郎酒员工最低年收入要过 10 万，一个家庭只要有一个人
在郎酒工作，这个家庭就彻底脱贫。

"白日放歌须纵酒，青春作伴好还乡。"在 2021 年庄园三品节
上，董事长说的一句话让我记忆深刻："酿酒，谁都会，酿好酒，
部分人会坚持。把美好生活与快乐、艺术、信仰酿进酒里，这是我
们共同努力的方向和挑战。"董事长这句话可谓掷地有声。天人共
酿，醇化生香。把一件事做到极致的郎酒人，值得人尊敬。

中国郎注疏

兼香大战略

2020 年小郎酒全国经销商大会上，郎酒集团董事长汪俊林首次
发布兼香大战略，布局兼香赛道。

占地约 3600 亩的泸州浓酱兼香产区，全部建成后，将年产 10
万吨优质酒，储存将达到 30 万吨，强大的产能和储量，将确保每一
瓶酒的品质在同类价格中是最好的。

浓酱兼香产区规模彰显，郎酒在兼香板块动作频频。一直以来，
小郎酒与顺品郎共同拱卫兼香郎酒。2021 年 4 月，郎酒推出四款浓
酱兼香福马系列；8 月，再度推出郎牌特曲上市十周年纪念酒……
郎酒正在全速加码大兼香战略，而郎牌特曲兼香新品作为大兼香战
略中的重要落子，正在逐渐占据兼香品类发展的制高点。

郎酒独创的"浓酱兼香型白酒生产方法"专利技术，采用两步

酒之角

法工艺，分型发酵，定向生产，同时运用独有的感官数字化勾调技术，使得郎酒兼香酒体独特，既有单粮的绵甜协调、尾味净爽，又有多粮的香气馥郁、余味悠长。

从消费者角度来看，复合香是潮流趋势，浓酱兼香的口碑，也经受过小郎酒多年的市场验证。在郎酒"品质、品牌、品味"三品战略的主导下，郎酒将浓酱兼香的战略发展提升至更高地位。

兼香郎酒，未来可期。

92

致郎酒

四川成都　张爱茹

赤诚忠兮纷纷而来下

水澹荡兮匆匆而润华

河奔亿田良

郎挑万石粮

酒飘千谷香

香诞百年郎

甘心抚槽培佳酿

似水年华融玉浆

露起日落千岁长

淳还朴反万路惶

如伴君　看潮起潮落

浆洗岁　品倾国倾城

中国郎注疏

顺天应时

郎酒香飘赤水河，并成为深受千家万户喜爱的佳酿，与郎酒十分重视生产工序，敬畏自然，顺天应时的酿酒法密切相关。端午制曲、重阳下沙，这是郎酒传承千年的酿造法则，也是郎酒醇香厚重的秘诀之一，因为在此时，微生物群活跃，香味浓厚幽香，酿造出的白酒酒质更加优质。

此外，在一年四季，春夏秋冬中，郎酒要遵循"12987"传统，让千年老窖万年糟无限延续和循环，展现出郎酒顺天应时、敬畏自然的酿酒法则和追求极致品质的工匠精神。

仁和洞内藏酒年份至少 30 年以上

93

爱郎酒

四川成都　李倩

二郎贡酒百家传，凤曲郎泉酒香甜。

广泗大开赤水道，千古繁荣在川黔。

回沙技艺真名世，郎酒成名始惠川。

九蒸八酵七取酒，经年洞藏成经典。

总理访川亲评酒，中国名酒誉蝉联。

百年郎酒呈辉煌，五十年陈青云上。

郎酒一树开三花，空杯留香味绵长。

山魂水魄韵其中，佳酿三千独爱郎。

中国郎注疏

恪守古法

郎酒历史可追溯到秦汉时期的枸酱，当时其被作为贡酒呈献给汉武帝。清末，荣昌人邓惠川发现"郎泉"之水宜于酿酒，于是在二郎滩兴建"絮志酒厂"。1933 年，当地商人雷绍清、胡择美等集资兴建"集义酒厂"，所产之酒，远近闻名，乃正式定名为"郎酒"。

酒蒸汽中的酿造车间

　　中华人民共和国成立后，郎酒两度获得"国家名酒"的荣誉，并且成为全国知名的白酒企业。取得如此成功，和郎酒高度重视品质分不开。围绕品质这一核心目标，郎酒提炼自身酿酒核心工艺，坚持顺应天时、恪守古法，"端午制曲、重阳下沙、两次投料、九次蒸煮、八次发酵、七次取酒"。

　　此后，酿出的原酒还将依次经历天宝峰、陶坛库、天宝洞等储藏，接受时间的馈赠，即"生在赤水河，长在天宝峰，养在陶坛库，藏在天宝洞"。

94

且饮青花郎

《南风窗》常务副主编　李淳风

恣肆喝三两，
酩酊在二郎。
幽微天宝洞，
旷世地无双。
雨洒江天阔，
情飞酒意长。
萍踪无可寄，
且饮青花郎。

二郎空气中的醉意

中国郎注疏

与世界级美酒对话

青花郎是郎酒庄园上的明珠。

青花郎以郎酒庄园为原产地，采用赤水河优质水源为酿造用水，川南黔北本地米红粱为酿酒原料，优质小麦为制曲原料，经独特的"生长养藏"品质法则，精酿勾调而成。因此，郎酒庄园酒除了具备世界顶级酱酒的风味特点外，还具有与众不同的洞藏陈香味、难得的回甜味和花果香味。

郎酒庄园初步建成后，为青花郎提出了"庄园酱酒"的定位。在 2021 年举行的青花郎战略升级定位发布会上，汪俊林董事长宣布：郎酒庄园与世界级酒庄同行，青花郎与世界级美酒对话。

对于酒行业而言，"庄园"二字非同一般，它往往是一种实力的象征。在世界范围内，顶级庄园酒历来是顶级酒的代表，意味着品质的保证。

依托郎酒庄园，青花郎已经具备对话世界级美酒的现实基础，而"庄园酱酒"的提出也预示着青花郎将走向世界，与世界级美酒一起，为消费者的美好生活服务。

95

秋日爱醉在泸州

四川成都　任宏伟

我是四川泸州女婿，一说起泸州，大多数人想到的都是白酒。毕竟泸州是"酒城"。泸州拥有两千多年的酿酒历史，有着"风过泸州带酒香"的美誉。据说，泸州拥有两大名酒——泸州老窖和郎酒的传统酿酒技艺，且郎酒的天宝洞是有"酒中兵马俑"之称的天然储酒库。

刚结婚的时候，那年秋天，我陪妻子回泸州摆回门宴。泸州回门宴都是用白酒，红花郎在婚宴市场上受到热捧，我们也选择了喜庆的红花郎。流线形的瓶身，大红的颜色，给我们婚宴酒席增添了不少喜庆色彩。

这两年，随着酱香酒的大热，青花郎在品质、包装上的升级，尽显高端大气，餐桌上看到它的身影越来越多。这其中一方面是因为酱香型白酒受到市场追捧，另一方面也说明郎酒的品质得到了更多酒友的认可。

但比起青花郎和红花郎这种明星产品，在朋友小聚中，最受欢迎的莫过于小郎酒。小郎酒既有大品牌背景，品质口感一流，价格又不贵，是一款性价比极高的酒。而在商务宴请场合，郎牌特曲又有一定的发言权和品牌号召力。

不得不说，郎酒的产品布局满足了消费者日常饮酒场景的各种需求。随着对泸州了解越来越多，我对郎酒的喜爱程度也越来越深，更对郎酒的未来充满期待。

当然，在此也希望未来郎酒可以多搞一些促销活动，让我们普通人也可以经常喝到高端酒。

中国郎注疏

秋酿开窖

作者秋天和妻子回娘家摆回门宴，品郎酒，留下了深刻的印象。

秋天是收获的季节，对于酿酒而言，秋酿，代表沉睡了一个夏天的酿酒生产线重新激活。这是郎酒传承千年的酿造技艺，也是浓香郎酒醇香厚重的秘诀之一。

秋天的酒醅微生物群活跃，香味浓厚幽香，郎酒酿造团队将在秋酿的 70 多天里，持续进行投粮、蒸馏、加曲、发酵、取酒，让千年老窖万年糟无限延续和循环，展现出郎酒顺天应时、敬畏自然的酿酒法则和追求极致品质的工匠精神。

郎酒泸州产区，位于世界十大烈酒产区，是中国白酒金三角核心腹地。因为泸州当地夏季温度较高，不宜出酒，故秋酿轮次酒的发酵时间更长，延长至 100 余天。因此，每年自 9 月进入秋季后开窖酿造出来的酒，酒质尤为优秀，酒品尤为珍贵。

每逢中秋时节，"秋酿开窖"也是郎酒一大盛事，届时，郎酒将邀请来自全国各地商家伙伴和消费者走进泸州浓酱兼香产区，共同探秘郎酒品质密码。

96

挈酒相与至

四川成都　徐映

风易逝，

月无痕，

窗前思绪万千。

疏影难聚，

思绪难填，

餐前杯酒空空。

庭有青花郎，

婆婆亲手所洞藏，

今已历久弥香。

记得 2005 年，第一次跟丈夫（当时的男朋友）回老家见家长，心情十分忐忑。到了他家，婆婆拉着我的手，嘘寒问暖，笑容亲切，让我瞬间卸下防备，只觉久违的大家庭的温暖。席间，婆婆开了一瓶上好的青花郎，有叔叔伯伯打趣："这是专门为你开的，平常我们都喝不到这么好的酒。"

婚后，每次跟丈夫回家，婆婆都会开一瓶青花郎招待我们，言笑晏晏，宾主尽欢。前几年婆婆去世了，我们打开婆婆的柜子，发现她为我们储存了十几瓶青花郎，一时哑然……

婆婆留下的那十几瓶青花郎，带着老人对孩子归家的期盼，趁着家人康健常回家看看真的非常有必要。那十几瓶青花郎的年份并不相同，想来并不是一次购买储藏在柜子里，婆婆在家的期盼和失落有多少，现在我们已经无法得知，但从这些青花郎的瓶身上多少能够嗅到些许影子。故人赏我趣，挈酒相与至。爱酒的人皆有自己的故事，能够独爱一个品牌的某一款酒，大多有过深刻的过往，寄情于酒，追忆往事。

中国郎注疏

共同做大高端酱酒

婆婆留下来的一瓶瓶青花郎，把长辈对子女的爱凝固、具象了。这一刻，青花郎沉淀了时光。但酒本身，何尝不也是被时光沉淀的对象。

青花郎是郎酒推出的高端酱香型白酒。

近年来，为何白酒市场上酱酒独领风骚？时间就是原因之一。郎酒酱香型白酒制造遵循"12987"传统，在此基础上，青花郎的基酒存放年份提升至7年以上，嗅觉、视觉、触觉、味觉深度触达，成为名副其实的高端酱酒。

随着郎酒庄园落成，青花郎"生长养藏"的品质密码更加清晰完善。2020年重阳节郎酒庄园吴家沟生态酿酒区正式启用，使郎酒的产能、储能、势能均站到了行业最前列，更为郎酒的高品质发展带来无限可能。

岁月浸染的芬芳

　　以郎酒庄园为基底，青花郎高举高打，凭借高品质沉淀，高品味助推，品牌形象深入人心，迅速成长为高端名酒的代表性品牌，获得白酒爱好者的广泛认可。

　　青花郎品质、品牌、品味融合发展，已然成为高端酱酒的代名词。赤水河左岸的郎酒庄园，是青花郎"生长养藏"的独特载体和生动体现，是青花郎品质、品牌、品味融合发展的依托和载体，为青花郎赋予新的内涵和品格，与其他名酒共同发展而又各具特色。

97

赤水河上香

四川成都　陈子军

赤水澄春色，天窟酿玉香。
龙觞入汉阙，凤曲传汴梁。
聚饮浇块垒，独酌化文章。
青花知蜀韵，美酒识二郎。

中国郎注疏

与世界级酒庄同行

很多年前，汪俊林董事长到欧洲参观葡萄酒庄，深感震撼，葡萄酒有众多世界级酒庄，而中国白酒文化历史悠长，却没有一座白酒庄园。从那时起，郎酒就立志于为中国打造一座世界级白酒酒庄而奋斗。

从 2008 年开始，郎酒积极向世界顶级酒庄学习，并投入大量人力、物力、财力，用于提升郎酒产品品质、改进郎酒生产环节、改进储存老熟环节，以"生长养藏"为脉络，打造世界级酒庄为载体，塑造世界级产品——青花郎。

郎酒庄园自然条件得天独厚，酿酒资源禀赋优越，是顶级酱酒的天选之地，目前已构建起以"生态、酿造、储存、品控、体验"为支撑的五大体系。

郎酒庄园已初步建成，被誉为"中国首座白酒庄园"。在郎酒庄园，郎酒将青花郎的真实生产、储存、老熟、勾调等特点如实地呈现给广大白酒爱好者，由广大消费者去品评、传说，把庄园打造成了白酒爱好者的向往之地。

郎酒用庄园酒来表达，就是引领中国白酒作为一种生活方式和文化自信，与世界酒庄对话交流，郎酒就是要竭尽所能酿好酒。酿好酒是一代又一代郎酒人的使命，没有最好，只有更好。

青云阁

98

匠心醇华夏

四川成都 戴明秀

郎酒,

享赤水河二郎镇之天赋地理优势,酿酒尤香,

又遇天宝地宝两大宝洞,陈藏至馥。

精酿六十载,不减匠心,郎酒戴金花,

厚积六十载,突破创新,郎酒瞰风云。

盛世酒业,与国同兴,

郎酒多元,一树三花,

老郎醇厚,红花幽雅,

青花绵柔,酒香纷呈,

共贺中华盛世繁荣。

2021,郎酒再起风云,

庄园郎酒,名扬四海,

盛世郎酒,再创新高。

以初心造物,以匠心酿酒,是为酒之本真,

以真心待人,以雄心破局,是为郎之本真。

愿郎酒不忘初心,酿无止境,

郎酒酒香,永醇华夏。

中国郎注疏

布大局、做大事、造大势

享赤水河之天赋地理优势，又遇天地仁和三大宝洞，加上匠心酿酒，产出甘美醇香的白酒，让郎酒名扬四海。

如今，郎酒老酒储量增加，酒体越来越好，郎酒进入了新的发展阶段。新阶段，郎酒布大局、做大事、造大势，携手互商、互信、共赢、长期发展，共建共赢共享郎酒大未来。中国的内需是一个千载难逢、百年不遇的大市场，白酒市场很大，未来会集中在少数几个品牌手里，这就是郎酒的未来。

在"布大局、做大事、造大势"的思路指引下，郎酒在保持品牌建设不动摇的基础上，优化品牌投入，向头部平台、头部资源、头部 IP 集中，通过世界互联网大会、博鳌亚洲论坛等活动赞助，为青花郎品牌赋能。

布大局、做大事、造大势，郎酒庄园与世界级酒庄同行，青花郎与世界级美酒对话。支撑这一宏伟蓝图的，正是郎酒的酱香大战略。

伴随吴家沟生态酿酒区二期投产，郎酒正式开启 4 万吨酱酒的投粮投产，预计 2022 年五大生态酿酒区全面投产后，酱酒产能将再增至 5.5 万吨。

郎酒酱香基酒存储老熟已达 15 万吨，未来将增至 30 万吨。这些老酒通过生、长、养、藏四个阶段的严格存储老化，将成为郎酒未来高质量发展的压舱石。

仁和洞高端私人订制酒

　　郎酒庄园作为郎酒"生长养藏"的独特载体和生动体现，无法复制的生态环境，因地制宜的酿储酒技艺，脱俗撩人的神仙颜值，造就了其独一无二的魅力。国家取消白酒产业限制后，必将带来白酒产业新一轮发展。汪俊林董事长表示，郎酒将抓住这一政策机遇，抓紧修订企业发展规划，完善工作举措，提升郎酒品质，进一步加快郎酒发展步伐，将郎酒打造成为行业旗帜性品牌。

99

浓酱兼香情

四川　吴思圆

生长养藏是郎酒，浓酱兼香全都有。

浓香酱香声明广，颇得大众心欢喜。

唯有兼香预备役，正处蓄势待发期。

小郎顺品齐升级，助力郎酒兼香营。

中国郎注疏

二郎产区　泸州产区

郎酒二郎酱香产区地处四川盆地与云贵高原接壤的赤水河谷，是中国顶级酱酒的核心产区，包括黄金坝生态酿酒区、二郎生态 酿酒区、吴家沟生态酿酒区、两河口生态酿酒区、盘龙湾生态酿酒区。

郎酒二郎酱香产区主要生产酱香型白酒，这是一种独特的香型，是我国白酒中极其珍贵的一个大类，郎酒生产的酱香型白酒包括青云郎、红运郎、青花郎、红花郎等，都是深受消费者喜爱的产品。

依托二郎酱香产区，郎酒酱酒的产能、品质皆稳步提升，产能、储能、势能站到了行业最前列。这些基酒通过"生长养藏"四个阶段的严格存储老化，将成为郎酒未来高质量发展的压舱石。

郎酒泸州浓酱兼香产区位于泸州市龙马潭区，是集酿造、包装、酒体储存、成品储存、物流运输等为一体的现代化酒业工业园产区，始建于 2012 年，占地 3600 余亩，总投资 110 亿，预计将在 2025 年全面建成，是泸州市打造中国白酒金三角的核心腹地，建设千亿白酒产业的重要载体。

郎酒泸州浓酱兼香产区主要负责生产小郎酒系列、郎牌特曲系列产品，产区现年产原酒 2 万吨，年包装生产能力 5 万吨。全面建成后，年产原酒将达 10 万吨，配套的制曲车间年产优质曲 6 万吨，白酒存储能力可达 30 万吨。届时预计可实现年销售收入 200 亿元以上，税收 40 亿元以上，解决就业 1 万余人。

郎酒二郎酱香产区、泸州浓酱兼香产区占尽世界酱香、浓香两大烈酒产区优势，两大产区两翼齐飞，协同发展，共同为品质郎酒保驾护航。

附录：中国郎注疏

后 记

    为讲述百年郎酒奋斗史，丰厚大美郎酒文化，郎酒品质·品牌·品味系列丛书应运而生。丛书现已公开出版《郎酒品质主义》《文学大家说·郎酒端午制曲》《郎酒庄园诗钞》《郎酒鉴赏图谱》等多部图书，涵盖了郎酒极致品质、品牌、品味全脉络，徐徐绘就了一部神采飞扬中国郎的传奇书卷。

    《金玉郎言99》是《郎酒品质·品牌·品味系列丛书》的代表作之一，收录了99条消费者的"金玉郎言"，对应梳理总结了99个郎酒关键词，意在践行郎酒消费者追求，向郎酒粉丝系统展示郎酒品味文化。

    我们在此书精选广大消费者的连珠妙语，他们来自祖国大江南北，或文学大家、业界翘楚，巨著累累；或资深郎酒粉丝，文采了得，深情满满。无论名人或网友，无论建言或礼赞，他们看见郎酒，相信郎酒，热爱郎酒，祝愿郎酒，礼赞郎酒，他们的"金玉郎言"，有高度，有深度，更有温度，是我们最可宝贵的财富。

    一言一语皆真情，99篇美文，十余万文字，从创作、采编、成书到面世，此书亦赖于郎酒内外协作，以及合作伙伴的倾情支持。感谢你们的参与与付出，才使郎酒故事更加精彩动人，更加神采飞扬；感谢郎酒粉丝们的品评与互动，才使郎酒故事更加活灵活现，更加心意相通。